考虑场地相关危险性的核电安全壳概率地震风险评估

王晓磊　阎卫东　吕大刚　著

中国建筑工业出版社

图书在版编目（CIP）数据

考虑场地相关危险性的核电安全壳概率地震风险评估/王晓磊，阎卫东，吕大刚著. — 北京：中国建筑工业出版社，2022.11

ISBN 978-7-112-27920-3

Ⅰ.①考… Ⅱ.①王… ②阎… ③吕… Ⅲ.①核电站—地震灾害—风险评价 Ⅳ.①TM623.8

中国版本图书馆CIP数据核字（2022）第167662号

本书以核电安全壳为研究对象，以我国华南地区某核电厂厂址为目标场地，进行概率地震风险评估方法研究。全书共7章，包括：绪论；场地相关标量型概率地震危险性分析；场地相关向量型与条件型概率地震危险性分析；场地相关目标谱与地震动记录选取；核电安全壳地震易损性分析；核电安全壳概率地震风险分析；结论与展望。

本书可供地震风险评估相关科技工作者、高等院校教师、研究生和高年级本科生使用。

责任编辑：杨　杰
责任校对：张　颖

考虑场地相关危险性的核电安全壳概率地震风险评估

王晓磊　阎卫东　吕大刚　著

*

中国建筑工业出版社出版、发行（北京海淀三里河路9号）
各地新华书店、建筑书店经销
北京红光制版公司制版
天津翔远印刷有限公司印刷

*

开本：787毫米×960毫米　1/16　印张：10　字数：200千字
2022年11月第一版　2022年11月第一次印刷
定价：**68.00**元
ISBN 978-7-112-27920-3
（40009）

前言

2011 年，日本福岛核事故后，核电厂抗震安全性受到高度重视。抗震安全评估主要包括两种方法：概率地震风险评估和抗震裕量评估，其中，概率地震风险评估是基于全概率角度的评估方法。为了应对日本福岛核事故的影响，我国核安全部门要求对国内核电厂进行抗震安全评估，但概率地震风险评估方法研究在我国才刚刚起步，相关研究工作亟需开展。基于上述研究背景，本书以核电安全壳为研究对象，以我国华南地区某核电厂厂址为目标场地，进行概率地震风险评估方法研究。本书的主要研究内容如下：

（1）基于中国地震活动性特点，开发了基于蒙特卡洛模拟的中国概率地震危险性分析和中国地震危险性分解程序，运用开发的程序，对我国华南地区某核电厂厂址进行了概率地震危险性分析和地震危险性分解。结果表明：本书程序在 400 次 50000 年数据分析条件下收敛性和精确性较好。

（2）基于中国地震活动性特点和向量型概率地震危险性分析理论，开发了基于蒙特卡洛模拟的中国向量型概率地震危险性分析和中国向量型地震危险性分解程序。基于开发的程序，对我国华南地区某核电厂厂址进行了向量型概率地震危险性分析和向量型地震危险性分解。总结了中国条件型概率地震危险性分析方法理论，开发了基于蒙特卡洛模拟的中国条件型概率地震危险性分析程序。基于开发的程序，对我国华南地区某核电厂厂址进行了条件型概率地震危险性分析。结果表明：向量型概率地震危险性分析结果由于考虑了强度参数间相关性，减少了标量型地震危险性曲线的保守性。条件型概率地震危险性分析，能够在主要强度参数条件下，预测次要强度参数大小。

（3）总结了单变量地震重现期概念，并对我国华南地区某核电厂厂址进行了单变量地震重现期分析。在地震工程领域单变量地震重现期概念基础上，首次提出了双变量地震重现期和条件地震重现期概念，并分析了三个地震重现期概念间关系，最后对我国华南地区某核电厂厂址进行了双变量地震重现期和条件地震重现期分析。结果表明：双变量地震重现期大于或等于两个单变量地震重现期中较大值，条件地震重现期是双变量地震重现期和单变量地震重现期之比。

（4）基于标量型概率地震危险性分析和分解结果，生成了一致危险谱、条件均值谱、条件谱和一致风险谱等标量型场地相关反应谱；基于向量型概率地震危险性分析和分解结果，生成了简化广义条件均值谱-Ⅰ和简化广义条件谱-Ⅰ，并生成了具有指定向量危险性的简化广义条件均值谱-Ⅱ和简化广义条件谱-Ⅱ；基于条件概率地震危险性分析结果，生成了条件一致危险谱。基于上述场地相关条件谱和广义条件谱，运用贪心优化算法，以NGA-West2为备选地震动数据库，选取了地震动记录。结果表明：一致危险谱较保守，一般情况下，考虑谱型相关系数的场地相关谱更为合理。基于安全壳第二平动周期为条件周期的条件谱选取的地震动记录，安全壳地震响应分析结果离散性最大。

（5）总结了考虑知识不确定性的地震易损性模型理论基础，首次从“易损性的不确定性”角度对具有置信度的易损性模型进行了推导，分析了两类高置信度低失效概率值关系，最后运用安全系数法，基于解析易损性数据和经验易损性数据，生成了安全壳地震易损性曲线和高置信度低失效概率值。结果表明：基于UHS和URS计算的HCLPF值小于CMS；对于第一周期敏感结构，GCMS-Ⅰ和CUHS与UHS相比，可能得到更保守结果；基于增量动力分析计算的标准差大于安全系数法，二者生成的中位值较接近；基于策略Ⅱ计算的HCLPF值要小于策略Ⅰ计算的HCLPF值，即策略Ⅰ方法较策略Ⅱ方法保守。

（6）总结了考虑知识不确定性两类地震风险解析模型公式，推导了平均值地震风险模型的置信度函数。分析了不同地震危险性厂址条件下，平均值地震风险模型的置信度水平。最后基于考虑知识不确定性的地震风险解析模型公式，综合目标场地地震危险性和某安全壳地震易损性分析结果，分析了安全壳的地震风险水平。结果表明：平均值地震风险模型置信度水平不高。以 $Sa(0.07s)$ 为强度参数计算的风险结果小于 $Sa(0.24s)$ 为强度参数计算的风险结果，即对于安全壳的地震风险，选用非第一阶模态周期的 Sa 作为强度参数，会低估地震风险结果。基于条件均值谱计算的地震风险结果小于基于UHS、URS、CUHS、GCMS-Ⅰ和GCMS-Ⅱ计算结果，即基于条件均值谱计算的风险结果可能会偏于不保守。基于振型分解反应谱计算得到的地震风险要小于基于增量动力分析得到的地震风险。本书生成的所有场地相关谱作用下安全壳结构地震风险水平都较低。

本书由沈阳建筑大学王晓磊、沈阳建筑大学阎卫东和哈尔滨工业大学吕大刚所著，得到了国家自然科学基金（51908379）的大力支持，写作中还参阅、引用了国内外相关文献资料，作者一并表示感谢！

由于作者水平有限，书中一定存在不足之处，敬请读者批评指正。

作者
2022 年 8 月 15 日
沈阳

目录

第1章 绪论

1.1 研究背景与研究意义

1.1.1 研究背景

随着人类社会的不断发展，能源需求量越来越大，石油、煤炭和天然气等传统能源不断消耗，急切需要一些新的能源形式补充未来可能的能源缺口。同时，石化能源对环境污染较大，大力发展清洁能源可以有效减少传统能源对环境的破坏。近年来，全世界能源结构开始不断优化，石油、煤炭和天然气等传统能源消费增长速度趋慢，核电和风能等清洁能源增长速度更快。根据调查显示[1]，2017年全球能源消费中，核能占比达到4.4%左右。近年来，我国核电发展速度突飞猛进[2]，核电发电量维持在每年30%增长速度，截至2017年，我国已运行核反应堆数量达到38座，新规划核电厂143座，新规划预计发电量占全球总量的40%左右。

随着核能不断发展，核电厂安全性受到越来越多关注。核电是一种特殊的能源形式，一旦发生事故，会带来不可估量的影响，保证安全性是大力发展核电的前提。人类历史上曾经发生过多次核事故：1979年，美国三里岛核电厂由于二回路水泵发生故障，最终反应堆彻底失效，该事故虽然对周围环境没有造成太大影响，但却给民众带来极大恐慌，引起民众对核电的强烈抵制；1986年，由于人因失误等原因，苏联切尔诺贝利发生严重核事故，造成了大量人员伤亡，对周围环境造成了严重污染和破坏；2007年，日本发生6.8级地震，导致日本柏崎·刈羽核电厂发生核事故，此次地震导致的核事故没有对周围环境造成太大影响；2011年，日本发生了9.0级大地震，并引发海啸，导致日本福岛核电厂发生了严重核事故，大量核辐射燃料泄漏到周围环境，对核电厂周围环境带来了严重破坏，此次核事故对核能的发展产生了深远的影响。纵观人类历史上几次核事故的发展轨迹可发现：早期的核事故都是由内部事件引起的，而近期的核事故主要是由外部事件（地震和海啸）造成的，科学合理地评估核电厂抗震和抗海啸能力变得越来越重要。

日本福岛核事故对世界核能发展产生了深远影响，核电厂抵御外部事件的能力受到了极大重视。事故发生后，许多国家对本国核电厂开展了抗震裕量评估工作。我国暂停了在建核电厂建设和拟建核电厂的审批，要求对在建和运行核电厂进行抗震安全评估工作。核电厂抗震安全评估包括两种方法：地震概率风险评估[3]（Seismic Probabilistic Risk Assessment，SPRA）和抗震裕量评估[4]（Seismic Margin Assessment，SMA）。SPRA 是从全概率角度评估核电厂抗震能力的方法，可全面考虑和处理地震和核电厂本身具有的不确定性，能够定量评估核电厂的真实抗震能力，分析流程见图 1-1[3,5]。

目前，我国在核电厂 SPRA 研究方面还处于起步阶段[3]，评估方法中所有组成部分都需要结合我国实际进行深入研究。安全壳是核电厂最后一道防线，发生核事故后，可以有效防止核辐射燃料泄露到周围环境，所以安全壳在发生事故后的完整性能力受到广泛关注，SPRA 方法可以从全概率角度有效评估核电安全壳的抗震能力。

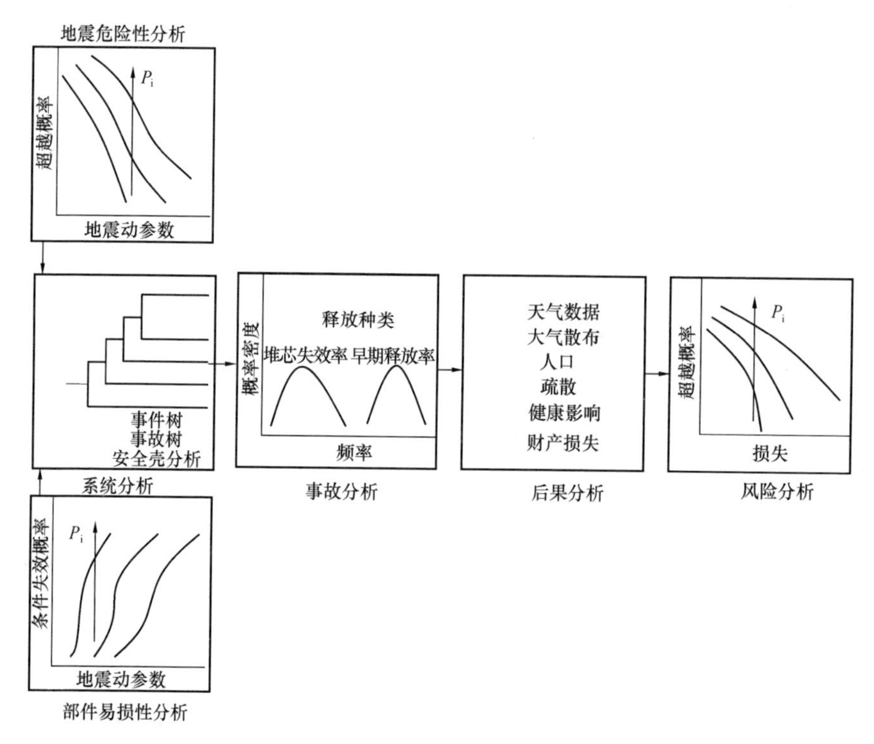

图 1-1　SPRA 方法流程图[3,5]

1.1.2　研究目的和意义

地震概率风险评估主要包括：地震危险性分析、地震易损性分析、系统分析、事故分析、后果分析和风险分析。本书主要针对地震危险性分析、地震易损性分析和地震风险分析三部分内容进行研究，研究目地和意义主要包括：

（1）由于我国场地地震活动性具有时间和空间不均匀性特点，国外地震危险性分析和地震危险性分解程序无法直接应用，而我国常用的地震危险性分析软件不能给出用于生成条件均值谱的分解结果，基于我国地震活动性特点，开发可用于生成我国场地条件均值谱输入数据的中国概率地震危险性分析和分解程序，为我国场地条件均值谱研究提供分析基础。

（2）标量型概率地震危险性分析方法无法考虑地震动强度参数间相关性，在传统中国标量型概率地震危险性分析基础上，进一步考虑地震动强度参数相关性，可形成中国向量型和条件型概率地震危险性分析方法，为精细化地震风险分析研究提供分析基础。

（3）地震重现期是地震工程领域重要概念之一，目前地震工程领域地震重现期是单变量地震重现期，能够解释标量型地震危险性分析结果，随着向量型和条件型概率地震危险性分析研究不断发展，需要对地震重现期概念进行相应扩展，多个地震动强度参数组合成的地震重现期能够在单变量地震重现期基础上进一步考虑地震动强度参数间相关性，能够从地震重现期角度为向量型和条件型概率地震危险性分析结果提供解释。

（4）“安全系数法”是核电厂地震易损性分析常用方法，但“安全系数法”基于经验易损性数据，分析结果较为保守，增量动力分析方法能够全面考虑地震动和结构本身具有的不确定性，相较于“安全系数法”，能够显著提高核电厂地震易损性本质不确定性评估精度，为精细化地震易损性分析提供分析基础。

（5）目前核电厂地震风险评估运用较多的是规范反应谱和一致危险谱，但规范反应谱和一致危险谱谱型较为保守，分析出的地震风险评估结果通常会高估核电厂地震风险，条件均值谱和广义条件谱更多考虑了实际厂址的危险性信息，对于特定场地，减少了规范反应谱和一致危险谱保守性。研究不同场地相关谱对核电厂地震风险分析影响，对地震风险评估中场地目标谱的选择具有参考价值。

1.2 研究现状

1.2.1 概率地震危险性分析研究进展及评述

本书将概率地震危险性分析分为三类：标量型概率地震危险性分析、向量型概率地震危险性分析和条件型概率地震危险性分析。

1. 标量型概率地震危险性分析

现代的概率地震危险性分析（Probabilistic Seismic Hazard Analysis，PSHA）方法最初由Cornell[6]提出，并由McGuire[7]提供了软件支持，所以目前国际上常用的PSHA方法也被称为Cornell-McGuire方法。Cornell-McGuire方法由四个步骤组成[3]：震源的确定、地震震级的重现期分析、地震动衰减关系分析和地震危险性曲线生成。震源形式通常可分为点源、面源和断层源[5]。在PSHA应用的早期，震源通常假设为点源形式[6]，但点源模型和实际情况出入较大，目前主要采用面源和断层源等形式。Cornell-McGuire方法通常基于无信息法[8]假定地震震源在划分区域为均匀分布。地震震级重现期分析一般假设服从古登堡-里克特（G-R）关系[9]，但传统G-R模型没有上下限限制，目前考虑上下限的有界G-R模型被更多采用。有界G-R模型上下限如何确定需要进一步被考虑，Kijko[10]基于两类G-R模型和无分布模型评估了震级上限，研究发现：对于南加州地区，无分布模型比两类G-R模型评估结果更为可靠。之后，Wheeler[11]和Kijko[12]对震级上限的确定进行了分析和研究。除了G-R模型外，特征地震模型[13]也是可选模型之一，通常基于专家判断选择地震震级重现期模型[14-15]。地震动衰减关系模型的确定是概率地震危险性分析最为关键的步骤之一。目前全世界各国学者已经提出了大量的地震动衰减关系模型[16]，美国开展了“下一代地震动衰减关系”（Next Generation Attuation of ground motions）研究项目，分别发布了NGA衰减关系模型[17]和NGA-West2衰减关系模型[18]。虽然不同地震动衰减关系模型形式不同，但通常可表示为：

$$\log IM = \overline{\log IM}(M,R,\theta) + \sigma(M,R,\theta) \cdot \varepsilon \tag{1-1}$$

式中，$\overline{\log IM}(M,R,\theta)$ 是预测方程平均值；$\sigma(M,R,\theta)$ 是预测方程标准差；M 是震级，R 是震源到厂址距离；θ 为其他地震学参数；ε 是一个标准正态随机变量，代表 $\log IM$ 的观测变量。

概率地震危险性分析基于上述三方面研究成果，运用全概率定理，最终可生成地震危险性曲线[19]。广义上讲，概率地震危险性分析包括概率地震危险性分析和地震危险性分解两部分内容。概率地震危险性分析可综合考虑所有震源对目标场地的地震危险性贡献及所有分析步骤中的不确定性，最终得到目标场地的地震危险性水平，通常由地震危险性曲线表示。而地震危险性分解作用是分解每个震源或设定地震对整个厂址危险性水平的贡献大小。Chapman[20]基于地震危险性分解结果选取地震动时程。McGure[21]基于 M-R-ε 分解，提出了beta地震概念。Bazzurro和Cornell[22]

对地震危险性分解理论进行了系统分析，并在 M-R-ε 分解的基础上，进一步提出了 M-ε 与经纬度的分解方法。早期的 Cornell-McGure 方法分析单个强度参数的地震危险性，没有考虑地震动强度参数间相关性，仅可以得到地震动强度参数的边缘地震危险性曲线，所以这类地震危险性分析也被称为标量型概率地震危险性分析（Scalar Probabilistic Seismic Hazard Analysis，SPSHA）。

2. 向量型和条件型概率地震危险性分析

在标量型概率地震危险性分析基础上，进一步考虑强度参数相关性信息，可生成考虑强度参数相关性的概率地震危险性分析方法，包括：向量型概率地震危险性分析[23]和条件型概率地震危险性分析[24]。向量型概率地震危险性分析（Vector Probabilistic Seismic Hazard Analysis，VPSHA）最早由 Bazzuro 提出[25]。由于更多强度参数组成 VPSHA 方法计算较为复杂，Bazzuro[26]进一步提出了 VPSHA 间接计算方法，之前的方法相应被称为直接方法。间接计算方法不必修改标量型 PSHA 程序，直接基于标量型 PSHA 结果，即可得到 VPSHA 计算结果。之后，Bazzuro[27]分别基于直接方法和间接方法对算例场地进行了分析，得出以下结论：直接方法概念直接，但计算程序较复杂；间接方法公式原理复杂，但计算效率更高；间接方法可生成 5 到 6 个强度参数的联合向量危险性，而直接方法由于计算量限制，仅可生成 3 个强度参数的联合向量危险性。Faouzi 等[28]对标量型地震危险性分析程序进行修改，形成了可以进行 VPSHA 的程序，并对阿尔及尔城分别进行了标量型和向量型 PSHA 分析。Gülerce[29]等考虑了水平向和竖向联合 VPSHA，分析竖向地震动对高速公路桥抗震响应的影响。Kohrangi 等[30]基于间接 VPSHA 方法计算了向量地震动强度参数（Intensity Measures，IMs）的地震危险性，为分析向量 IMs 对结构抗震响应分析的影响提供地震危险性分析基础。在 VPSHA 方法基础上，同样可以进行向量型地震危险性分解计算。与标量型地震危险性分解原理相似，向量型地震危险性分解也是单位区间 M 和 R 等参数积分后地震危险性与整个区间 M 和 R 等参数积分后危险性之比。Zhang 等[31]基于向量地震危险性分解结果确定了平均值设定地震。Kwong 等[32]比较了向量型地震危险性分解和标量型地震危险性分解结果，发现向量型地震危险性分解仅仅在标量型危险性分解基础上考虑了地震动强度参数相关性。标量型概率地震危险性分析可以生成单个强度参数的地震危险性曲线，某些结构除了对指定的主要强度参数敏感，可能对其他次要强度参数也较敏感，对于上述情况，条件型概率地震危险性分析可以给出在主要强度参数条件下次要强度参数的地震危险性。基于上述思考，Iervolino[33-34]提出了条件型概率地震危险性分析（Conditional Probabilistic Seismic Hazard Analysis，CPSHA）概念，Iervolino[33]将峰值型地震动强度参数 PGA 选为主要强度参数，将累积型地震动强度参数 I_D（Cosenza 和 Manfredi 指数）选为次要强度参数，经分析得到了 PGA 为条件强度参数，次要强度参数 I_D的条件危险性曲线和危险性分布图。之后，Chioccarelli 等[35]对条件危险性分析做了进一步探索：以 Sa（T_1）为主要强度参数，以 Sa（T_2）等为次要强度参数，对意大利全境进行条件危险性分析，基于条件危险性分析结果，可以更有效选取地震动记录。对于条件地震危险性分解，还没有见到相关研究报道。基于向量型和条件型概率地震危险性关系，本书作者认为：条件型地震危险性分解与向量型地震危险性分解结果是一致的。

3. 基于蒙特卡洛模拟的概率地震危险性分析

概率地震危险性分析可以基于多种方法实现：积分方法[7]、可靠度方法[36-37]和蒙特卡洛模拟方法[38-40]。基于蒙特卡洛模拟方法具有程序直观且方便进行地震危险性分解计算等优点，受到了越来越多关注。基于蒙特卡洛模拟的 PSHA 一般包括两种方法：Musson[38-39]法和 Ebel 法[40]。Musson 法的基本假设是地震（Earthquake）发生符合泊松过程，而 Ebel 法的基本假设是地震动（Ground Motion）发生符合泊松过程。Atkinson 和 Goda[41]总结了基于蒙特卡洛模拟的 PSHA 方法优点：程序直观，易于修改，可方便实现地震危险性分解功能等。基于蒙特卡洛模拟的 PSHA 方法得到了大量研究和应用。Smith[42]运用基于蒙特卡洛模拟方法对新西兰厂址进行地震危险性分析。Zahran 等[43]开发了基于蒙特卡洛模拟的 PSHA 程序，并将其运用在沙特阿拉伯王国的地震危险性分析中，分析表明：基于蒙特卡洛模拟的 PSHA 能够方便考虑强度参数间相关性，且可以很好分析多厂址地震危险性。基于蒙特卡洛模拟的 PSHA 方法可方便实现一些复杂地震危险性分析，如考虑空间相关性的结构系统地震危险性分析。Akkar 等[44]基于蒙特卡洛模拟的 PSHA 方法对考虑空间相关性的结构系统地震危险性进行了分析，研究表明：基于蒙特卡洛模拟的地震危险性分析可以方便考虑空间相关性和近场方向性效应等研究内容，而对于积分算法而言实现起来较为困难。Sokolov 等[45]基于蒙特卡洛模拟方法研究了单个目标厂址和多个目标厂址概率地震危险性分析关系。Assatourians 和 Atkinson[46]开发了开源的基于蒙特卡洛模拟的 PSHA 程序，该程序基于 FORTRAN 语言，包含三个子程序，可以很好实现地震序列生成、地震危险性曲线计算和地震危险性分解的功能。

4. 中国概率地震危险性分析

Cornell-McGuire 方法被引入中国后，我国专家学者基于中国地震活动性时间-空间不均匀性特点，形成了中国概率地震危险性分析（Chinese Probabilistic Seismic Hazard Analysis，*c*-PSHA）方法[47-48]。*c*-PSHA 与 Cornell-McGuire 方法相比特点主要包括：地震潜在震源区划分方式和地震动预测方程形式。我国第三代区划图和第四代区划图[49]采用潜在震源区和地震统计区两级划分方式，而我国第五代区划图[50]采用地震统计区、地震构造区和潜在震源区三级划分方式。由于我国记录到的真实地震动记录较少，基于回归分析得到地震动预测方程的方法在我国仍很难实现。针对我国实际地震记录较少的现实，胡聿贤等[51]提出了“转化法”，现阶段该方法仍是生成我国地震动预测方程的主要方法。基于“转化法”生成的中国地震动预测方程是具有长短轴的椭圆方程形式[50,52]。Pan[53]讨论了地震统计区与潜在震源区关系，指出地震统计区是潜在震源区活动性的综合。高孟潭[50]指出地震统计区与全局地震活动性相关，而潜在震源区与局部地震活动性相关。卢寿德[54]总结了我国地震统计区划分方法。基于 *c*-PSHA 方法，一些研究者对我国场地进行了地震危险性应用研究。庞健[55]基于 ArcGIS 开发了地震危险性分析系统，对西安地区地震危险性进行了系统的分析。郭星[56]基于蒙特卡洛模拟的 *c*-PSHA 方法，分析了辽宁地区某核电厂厂址地震危险性，计算了危险性分解结果，进而确定了厂址的设定地震。由于 *c*-PSHA 方法特点，中国地震危险性分解理论也需要考虑中国地震危险性分析特点。在中国场地地震危险性分解方面，Wu[57]基于 *c*-PSHA 及地震动预测方程椭圆形式特点，提出了中国地震危险性 M-R-ε-θ 分解方法。吴健[58]基于地震危险性分解结果，对生成的平均值设定地震和最大贡献地震进行了比较。李思雨[59]基于 ArcGIS 平台对西安地区危险性进行了分解，进而生成了场地相关谱，为地震动的选取提供分析基础。

5. 研究现状评述

中国概率地震危险性分析与 Cornell-McGure 方法不同，分别基于两种方法开发的程序无法相互通用。国际上存在大量概率地震危险性分析程序，包括基于解析方法、基于可靠度方法和基于蒙特卡洛模拟方法等计算分析程序，但这些程序无法直接用于中国场地。同时，目前国内常用的地震危险性分析程序（如 ESE），无法得到用于后续生成条件均值谱的设定地震。基于前述基于蒙特卡洛模拟方法的优点并结合中国场地地震活动性特点，可方便生成适用于中国场地的基于蒙特卡洛模拟概率地震危险性分析方法和计算程序。另外，概率地震危险性分析大多基于标量型方法，考虑地震动强度参数相关性的向量型和条件型方法研究还相对较少。特别对于中国场地，考虑中国地震活动性特点的向量型和条件型研究，目前还没有相关报道。将前述中国地震活动性特点和向量型与条件概率地震危险性分析理论相结合，可生成适用于中国场地的向量型和条件型概率地震危险性分析理论方法和计算程序。

1.2.2 场地相关谱研究进展及评述

场地相关谱是概率地震危险性分析的副产品之一[60]，基于概率地震危险性分析类型，本书将场地相关谱分为三类：标量型场地相关谱、向量型场地相关谱和条件型场地相关谱。具体分类原则为：标量型场地相关谱是基于标量型概率地震危险性分析和分解结果生成，向量型场地相关谱是基于向量型概率地震危险性分析和分解结果生成，条件型场地相关谱是基于条件型概率地震危险性分析结果生成。

1. 标量型场地相关谱

基于标量型概率地震危险性分析生成的所有周期谱加速度强度参数危险性曲线，可生成指定超越概率的一致危险谱（Uniform Hazard Spectra，UHS）。UHS是早期运用比较广泛的场地相关谱：McGuire[61]生成了美国中东部和西部的UHS；Choi[62]开发了韩国核电厂厂址的UHS；李思雨[59]生成了西安地区UHS，为地震动选取提供了场地目标谱。UHS各个周期谱加速度的超越概率一致，概率信息明确，但UHS各个周期的强度参数由不同设定地震控制，谱型较为保守，不能代表一条实际地震动记录[63]。针对UHS的保守性，Baker[63]提出了条件均值谱（Conditiona Mean Spectrum，CMS）概念，进一步研究发现：条件均值谱考虑了地震动强度参数相关性信息，所得谱型较UHS更为合理。之后，条件均值谱得到了大量应用研究：Daneshvar[64]基于加拿大东部数据，生成了地震动强度参数相关系数模型，并生成了加拿大地区条件均值谱；Radu等[65]生成了罗马尼亚首都Bucharest的条件均值谱；Ji等[66]系统研究了中国厂址的条件均值谱；李思雨[59]生成了西安地区条件均值谱，为地震动选取提供了场地目标谱。在条件均值谱基础上，一些研究者对该概念进行了推广：Gülerce和Abrahamson[67]提出了竖向条件均值谱概念，将条件均值谱推广到竖向地震动；朱瑞广等[68]将条件均值谱概念推广到余震，得到了余震条件均值谱；条件均值谱只考虑了目标谱的条件均值信息，为了考虑目标谱的条件标准差，Lin等[69]提出了条件谱（Conditional Spectrum，CS）概念，将条件均值谱推广到考虑标准差信息的条件谱；在上述条件谱的基础上，Nievas等[70]考虑了各个地震动输入方向的影响，提出了多方向条件谱概念；Arteta 和 Abrahamson[71]基于 Lin 提出的条件谱，进一步提出了具有目标地震危险性的条件设定谱（Conditional Scenario Spectra，CSS）概念。前面所述的一致危险谱、条件均值谱和条件谱等场地相关谱仅仅体现了地震危险性信息，但基于上述谱进行结构抗震设计，往往不能得到一致风险结果。ASCE/SEI 43-05[72]提出了一致风险谱（Uniform Risk Spectrum，URS）概念，基于一致风险谱可以设计出具有指定风险水平的核电厂结构、系统和部件[73-74]。由于 ASCE/SEI 43-05 给出的 URS 是基于 UHS 结果推导得到，所以本书将其归类为标量型场地相关谱。

2. 向量型和条件型场地相关谱

条件均值谱的条件周期只有一个，Loth[75]提出了以多个周期谱加速度强度参数为条件的广义条件均值谱。Kishida[76]进一步给出了广义条件均值谱的理论公式，并生成了算例场地的广义条件均值谱和条件均值谱，发现多条件周期的条件均值谱是相应单条件周期条件均值谱的包络谱。上述被推广条件均值谱具有两个或两个以上条件周期，为了简化计算，Kwong[32]提出了只有两个条件周期的简化广义条件均值谱，分析了简化广义条件均值谱对结构非线性抗震需求分析的影响，研究发现：简化广义条件均值谱等于或大于单个条件均值谱，但要小于一致危险谱。Ni 等[77]基于向量型概率地震危险性分析结果，生成了向量型一致危险谱。Bradley[78]将 CMS 单个谱加速度（Sa）条件强度参数拓展到多个条件强度参数（Sa、谱强度 SI 和加速度谱强度 ASI 等），基于条件参数间相关性系数，提出了广义条件强度参数（Generalized Conditional Intensity Measure，GCIM）概念。Ni[79]基于标量型、向量型和条件型概率地震危险性分析结果，提出了向量型条件一致危险谱（Vector Conditional Uniform Hazard Spectra，VCUHS）概念。单独基于条件型概率地震危险性分析生成的场地目标谱，目前还未见相关研究报道。

3. 谱型相关系数模型

条件均值谱等场地相关谱生成需要地震动强度参数相关系数模型。Inoue[80]较早给出了地震动强度参数的简化相关系数模型。2006 年，Baker[81]基于 NGA 之前的数据生成了地震动强度参数相关系数模型，得出结论：相关系数模型是基于指定地震动预测方程得到的，但当预测方程变化时，相关系数模型变化不明显，所以使用者不论采用何种形式的地震动预测方程，都可以使用该相关系数模型。2008 年，Baker 等[82]基于 NGA 模型，生成了相应的地震动强度参数模型（简称 BJ08 模型），该模型将适用范围扩展到了

0.01～10s，与之前模型比较，可发现在相应适用周期范围，两个模型基本一致；同时发现：相关系数模型对地震动预测方程不敏感。之后，一些研究人员基于本国地震数据，生成了适用于本国使用的地震动强度参数相关系数模型：Jayaram[83]基于日本地震动数据，生成了地震动强度参数相关系数模型，研究发现新生成的模型趋势和BJ08模型一致，但数值大小要高于BJ08模型；Daneshvar[64]基于加拿大东部数据，生成了地震动强度参数相关系数模型，同样发现与BJ08模型趋势一致，但数值不同，相关性要高于BJ08模型；Ji等[84]基于中国地震动数据，生成了可用于中国场地的地震动强度参数相关性系数模型，得出结论：基于中国地震动数据生成的地震动强度参数相关性模型与BJ08模型较接近，BJ08模型可直接用在中国场地。

4. 研究现状评述

场地相关谱相较于规范反应谱可更好体现指定场地的地震危险性水平。针对传统一致危险谱的保守性，相关学者提出了条件均值谱等场地相关谱，之后一些学者针对条件均值谱做了不断的扩展研究。但现阶段提出的场地相关谱都还存在着不足：一致危险谱较为保守；条件均值谱谱型较窄，且对于多周期控制结构，需要生成多个条件均值谱对结构进行分析，分析运算量较大；考虑向量信息的广义条件均值谱和广义条件谱，由于条件周期较多，计算较为复杂；仅具有两个条件周期的简化广义条件均值谱，向量危险性信息不够明确。同时，由于中国地震活动性特点，上述场地相关谱需要基于中国场地特点，进行相应中国场地相关谱研究，已有一些学者对适用于中国场地的强度参数相关性模型和中国场地的条件均值谱进行了研究，但对上述中国场地相关谱系统研究还较缺乏。

1.2.3 地震动记录选取研究进展及评述

本节主要基于三方面内容对地震动记录选取方法进行综述：地震动记录选取方法、地震动记录调幅方法和地震动记录选取与调幅联合方法。

1. 地震动记录选取方法

地震动记录选取方法主要包括[85]：基于地震学参数选取方法、基于地震动强度参数选取方法和最不利地震动记录选取方法等。基于地震学参数选取方法可分为：1）基于震级 M 和距离 R 选取[86-89]；2）基于震级 M、距离 R 和其他地震学参数选取[90-92]。基于地震学参数的选取方法通常作为地震动记录的初选。Shome等[86]基于震级 M 和距离 R 的四个不同组合范围，分别选取了四组地震动记录，基于选取的地震动记录分析了多自由度模型非线性动力响应，总结了地震动记录调幅对响应影响规律。Stewart

等[87]指出震级 M 和距离 R 都是地震动记录选取的重要参数，一般情况下基于地震危险性分解结果确定 M 和 R 范围，震级 M 对地震动记录的频域部分和持时有重要影响，而距离 R 对受近段层影响场地的地震动选取影响较大。Iervolino 和 Cornell[88]选取了两组地震动记录集：一组是基于震级 M 和距离 R 精选的地震动记录，另一组是随机选取的地震动记录，得出结论：选取出的第一组记录相较于第二组没有明显优势。于晓辉[89]基于 M_w-R选取四组共计 100 条地震动记录，分析了基于中国规范设计的钢筋混凝土框架结构的易损性。Bommer 和 Scott[90]收集了 1933 年至 1995 年间 1600 条地震动记录，首先基于震级 M 和距离 R 选取地震动记录，然后基于震级 M、距离 R 和场地条件再次选取地震动记录，发现增加场地条件参数为限制条件，会显著减少可选地震动记录数量。Iervolino 等[91]分析了持时对三类单自由度体系的非线性动力响应的影响，得出结论：持时对位移延性需求影响较小，对滞回延性需求影响较大。Dhakal 等[92]提出了基于近断层距离、地质条件和场地土壤条件等参数的地震动记录选取方法。基于地震动强度参数选取方法可分为：1）基于单个强度参数选取[93-94]；2）基于多个强度参数选取[35][95]。早期研究大多基于单个地震动强度参数选取地震动记录，并评估地震动单个强度参数的“有效性”和“充分性”等性质：Giovenale 等[93]基于强度参数选取的地震动记录重复进行非线性时程分析，研究了结构第一周期谱加速度强度参数 Sa（T_1）和峰值加速度 PGA 与延性需求的相关性，发现 Sa（T_1）比 PGA 更为有效。Luco[94]分别基于非线性动力分析和线性回归分析方法，分析了地震动强度参数的“有效性”和“充分性”，研究结果表明：文中提出的一些组合地震动强度参数，与传统强度参数 Sa（T_1）相比，更加有效和充分。单个强度参数所含信息有限，选取出的地震动记录不确定性仍然较大，基于多个强度参数选取的地震动记录往往会减少结构地震响应的离散性，从而显著提高所选地震动记录的有效性。Baker 等[95]基于 Sa（T_1）和谱型系数 ε 两个强度参数选取地震动记录，研究发现：当忽略谱型系数 ε 时，位移危险性曲线结果较为保守。Chioccarelli 等[35]基于条件概率地震危险性分析方法，以 Sa（T_1）为主要强度参数，预测了 Sa（T_2）等次要强度参数大小，基于主要强度参数和次要强度参数，可以更有效选取地震动记录。地震动选取也可以从地震动对工程结构产生的最不利影响角度进行选取。翟长海等[96]提出了最不利地震动选取方法，并给出了最不利地震动选取原则。施炜等[97]提出了基于天际线查询的最不利地震动选取方法。

2. 地震动记录调整方法

地震动记录调整方法包括两大类[98]：谱相容[99-101]（Spectral Matching）和幅值调幅[102]（Amplitude Scaling）。Hockcock[103]开发了基于小波函数的谱相容 RspMatch05 程序。之后，Hockcock 等[104]分别基于无处理的地震动记录、线性调幅后的地震动记录和谱相容调整后的地震动记录，分析了 8 层钢筋混凝土结构动力响应，发现基于谱相容选取的地震动所需的数量和所得响应偏差最小。张郁山和赵凤新[105]对基于小波函数的地震动调整方法进行了研究，研究发现：基于小波函数调整的地震动反应谱能够高效拟合目标谱，且对地震动记录改动较小。Zhang 和 Zhao[106]开发了拟合多阻尼目标谱及峰值位移的地震动谱相容调整方法。基于谱相容方法调整的地震动记录可以显著减少不确定性，可防止在目标谱所含不确定性的基础上二次重复考虑地震输入的不确定性。同时基于小波函数的谱相容方法对地震动记录的修改较少，较大程度保留了地震动记录原始信息。幅值调幅可进一步分为[102]：多组地震动的集合平均调幅、第一周期谱加速度调幅、分布调幅方法和 Pushover[107]方法等。Huang 等[102]基于多组地震动的集合平均调幅、第一周期谱加速度调幅、分布调幅方法和谱相容方法选取了地震动记录，分别对隔震和非隔震单自由度进行大量非线性动力响应分析，得出结论：基于多组地震动的集合平均调幅方法选取的地震动记录谱型较难匹配目标谱；谱相容方法会低估高非线性单自由度系统的中位值位移需求，并且无法得到结构响应的分布；第一周期谱加速度调幅方法能够得到结构无偏的中位值响应，但得出的结构响应分布与实际分布不符；分布调幅方法可以得到结构无偏的中位值和分布结果。Huang[108]分别运用上述四种方法选取地震动记录，对隔震和非隔震核电厂结构进行了地震风险分析。Kalkan[107]基于 Pushover 方法选取了地震动记录，发现 Pushover 方法的精确性和有效性优于 ASCE/SEI 7-05 方法。

3. 地震动记录选取与调整联合方法

目前已有多种地震动记录的选取与调整联合方法[109]。Naeim 等[110]提出了基于遗传算法进行地震动记录的选取和调幅方法，该算法的目标是将不同地震动记录和调幅系数进行组合，运用遗传算法，通过使均方误差最小，在平均值角度匹配给定设计响应谱。Wang 等[111]开发了设计地震动管理系统，基于地震动记录响应谱和设计或目标谱的匹配程度或者地震动记录的其他性质，可以在 DGML 中收搜索地震动记录。上述方法是基于平均值意义上的单条目标谱进行地震动选取。Jayaram 等[112]以条件谱为目标谱，同时考虑了目标谱的平均值和标准差信息，运用贪心优化算法，选取和调整地震动记录。之后，Baker 等[113]对该程序进行了改进，显著提高了程序的效率。Bernier 等[114]基于条件谱选取地震动，分析了加拿大东部混凝土重力坝的易损性。在条件均值谱的基础上，Bradley[78]提出了广义条件强度参数（Generalized Conditional Intensity Measure，GCIM）概念，基于 GCIM 可以有效选取和调整地震动记录[115]。Kwong[116]对比了基于条件谱和基于 GCIM 的地震动记录选取方法，得出结论：基于条件谱方法计算的地震需求危险性曲线（Seismic Demand Hazard Curve，SDHC）结果是无偏的，但有时会高估结构的倒塌概率和低估楼层加速度大小；基于 GCIM 方法计算的 SDHC 结果是无偏的，但有时会低估楼层加速度大小。在上述方法基础上，Kwong[116]进一步提出了基于重要性抽样（Inportance Sampling，IS）方法。

4. 研究现状评述

目前，地震动记录选取与调整方法众多。基于地震学参数可以较好进行地震动记录的初选，基于多强度参数的地震动选取方法相较于单参数方法可以有效减少结构响应的不确定性，最不利地震动选取方法可以有效选取出对结构有最不利影响的地震动记录。谱相容方法得到的地震动反应谱与目标谱匹配程度较好，并且基于小波函数的谱相容方法对地震动记录的修改相对较少，可以较大程度保留地震动记录原始信息。但基于谱相容方法选取的地震动不具有目标谱标准差信息，通常无法获取真实结构响应分布结果。一些学者研究了调幅系数对地震需求影响，但研究结论仍存有争议，所以幅值调幅方法可能会给地震需求结果带来偏差。近期提出的基于条件谱、基于 GCIM 和基于 IS 方法选取的地震动记录可得到较为精确的地震需求结果。

1.2.4 核工程结构地震易损性与概率风险分析研究进展及评述

1. 核工程结构地震易损性分析方法

Ellingwood[117]对核工程结构地震易损性分布形式进行了分类，包括：对数正态模型、Weibull 模型和 Johnson 模型等。对数正态模型由于具有使用方便和符合中心极限定理等优点，目前被广泛使用[118-120]。地震易损性概念最早来源于核工程领域。Kennedy 等[121-122]首先在核工程领域提出了地震易损性分析方法，该方法将对研究对象抗震能力的评估转换为对一系列系数的评估，所以也被称为“安全系数法”。之后，“安全系数法”得到不断发展：1994 年，电力研究所（Electric Power Research Institute，EPRI）[120]组织专家对地震易损性安全系数法进行了系统研究，分析了地震易损性模型的性质，提出了安全系数法具体实现程序，并对核电厂中剪力墙和储液罐等结构和部件进行了地震易损性分析；2002 年，EPRI[123]在上述研究的基础上，对地震易损性分析方法做了进一步改进，包括分析中考虑使用一致危险谱等；2009 年，EPRI[124]在上述两个研究报告基础上，对安全系数法做了进一步更新，包括建议地震易损性分析中不重复考虑反应谱峰谷变异性（Response Spectra Peak and Valley Variability）β_{rs}等。之后，Pisharady[125]对基于不同数据来源的核电厂结构、系统和部件的地震易损性安全系数法进行了系统调查、研究和总结。近年来，在安全系数法基础上，一些研究人员提出了精细化解析地震易损性分析方法：Zentner[126]基于人工生成的地震动，分析了反应堆冷却系统的非线性响应，并通过蒙特卡洛模拟方法进行精细化模拟统计评估，最终计算反应堆冷却系统地震易损性曲线；Mandal 等[127]基于 IDA 方法和传统安全系数法，分别分析了印度 PHWR 型安全壳的易损性，发现传统安全系数法会高估易损性分析结果。核电厂地震易损性分析最早来源于美国，美国核电厂地震易损性分析包括三种方法：Zion 法[121]、SSMRP 法[128]和 BNL 法[129]。三种方法可总结为[130]：Zion 法其实就是 Kennedy 早期提出的“安全系数法”，通常基于经验数据和专家判断数据进行评估；SSMRP 法的结构地震响应分析基于解析方法计算，较 Zion 法更为精确，但更为耗时；BNL 方法相较于前两种方法更为复杂，但所得结果最为精确。

基于不同数据源，可以将核电厂地震易损性分析划分为：试验易损性、专家判断易损性、解析易损性、经验易损性、设计易损性和混合易损性。试验易损性分析包括[131]：验证性试验分析和易损性试验分析。验证性试验是指试验过程中试验目标没有达到极限状态，如文献［132］中的安全壳振动台试验；易损性试验是指试验过程中测试目标达到预期极限状态，日本 JNES[133]做的设备试验属于易损性试验。易损性试验是试验易损性分析的发展方向。设计易损性[123]是核电厂易损性分析重要来源之一，一些研究项目[134]易损性分析结果主要来源于原始的设计资料。在早期核电厂地震易损性分析中，由于实际经验数据较为缺乏，专家判断易损性[134]是非常重要的易损性分析方法。解析地震易损性是通过精细化数值模拟和基于可靠度或统计分析方法计算地震易损性的方法[135-138]，精细化解析分析方法计算精度较高，目前受到越来越多关注。随着核电厂运行时间不断增加，经验性易损性数据就会相应增多，经验性易损性分析方法[139-141]也就变得越发重要。混合易损性分析[142-144]可以将上述内容组合在一起，是较好的分析方法之一。

2. 核工程结构地震概率风险分析方法

核工程地震概率风险分析方法是核工程概率风险评估（Probability Risk Assessment，PRA）中的一部分。1975 年美国核管会[145]（Nuclear Regulatory Commission，NRC）首次在PRA中考虑了地震风险。之后核工程概率地震风险评估（Seismic Probability Risk Assessment，SPRA）方法得到不断发展[146-147]，目前主要包括：地震危险性分析、地震易损性分析、系统分析、事故分析、后果分析和风险分析六个组成部分。美国ASCE/SEI 43-05[72]一致风险抗震设计规范也利用了地震风险模型，该规范的理论基础是平均值地震风险模型。有研究发现：基于ASCE/SEI 43-05一致风险设计方法可以设计出具有指定风险水平的核电厂结构、系统和部件[73-74]。核工程抗震安全评估主要包括抗震裕量评估（Seismic Margin Assessment，SMA）和地震概率风险评估（Seismic Probabilistic Risk Assessment，SPRA）两种方法。SPRA方法是从全概率角度评估核工程结构的地震风险水平，相较于SMA方法更为复杂，如果基于SMA结果，可以间接推导SPRA分析结果，那么分析计算代价将大为减少。SMA和SPRA两种方法都可以计算核工程结构、系统和部件的高置信度低失效概率值（High Confidence of Low Probability of Failure，HCLPF），可以基于SMA计算出的HCLPF结果，间接确定SPRA的风险结果[124]。这种间接计算SPRA风险结果的方法可以作为首次风险评估的简化计算方法，起到初次筛选目的。针对核工程领域传统SPRA方法存在的不足，一些学者提出了改进方法。传统SPRA中的地震动强度参数都是选用峰值加速度*PGA*，Huang[108]参考ATC-58思想，提出了基于性能的SPRA方法：将基于强度参数*PGA*扩展到考虑结构信息的谱加速度*Sa*，同时提出了三类地震风险分析方法：基于强度的风险、基于设定事件的风险和基于时间的风险。Huang等[148-149]基于提出的新方法，分析了隔震和非隔震核岛结构地震风险。宁超列[150]提出了基于概率密度演化的地震风险评估方法，该方法可以解决传统方法中不同地震动强度参数会导致不同地震易损性结果的问题。Coleman[151]总结了传统SPRA方法存在的不足：没有考虑土-结相互作用非线性影响；通常使用保守的一致危险谱；通常使用与结构损伤相关性较低的强度参数峰值加速度*PGA*。同时，Coleman[151]指出：考虑多灾害（地震、火灾、海啸和洪水等）影响的概率风险评估研究是SPRA未来的发展方向。

3. 研究现状评述

在传统SPRA方法基础上，一些学者对该方法进行了不断改进，包括：采用与结构损伤相关性更高的强度参数谱加速度*Sa*；使用更为合理的一致危险谱为目标场地相关谱；在地震风险中考虑土-结相互作用的非线性影响等。但目前SPRA方法仍存在一些问题：传统安全系数法分析较为保守；安全系数法较多使用规范反应谱和一致危险谱。基于上述问题，采用精细化模拟统计评估和基于可靠度评估方法需要深入研究；条件均值谱和广义条件谱等场地相关谱对地震风险分析影响需要系统分析。同时，核电厂地震风险分析通常基于平均值地震风险模型进行分析，但平均值地震风险模型没有置信度参数，无法直接体现模型的置信度水平，对于核工程结构这种安全性要求极高的工程结构来说，分析结果可能偏于不安全，深入分析平均值地震风险模型置信度水平还没有相关研究。

1.3 主要研究内容及章节安排

1.3.1 主要研究内容

本书以我国某核电安全壳为研究对象，基于概率地震风险解析模型，对概率地震危险性分析、地震重现期、场地相关谱、概率地震易损性分析和概率地震风险分析等内容进行了系统研究。主要研究内容如下：

(1) 基于蒙特卡洛模拟的中国标量型概率地震危险性分析及分解：考虑中国地震活动性特点，基于蒙特卡洛模拟方法，开发了中国标量型概率地震危险性分析和标量型地震危险性分解程序，并对我国某核电厂厂址进行了分析，得到算例厂址危险性曲线和危险性分解结果。

(2) 基于蒙特卡洛模拟的中国向量型概率地震危险性分析及分解：基于向量型地震危险性分析理论和中国地震活动性特点，运用蒙特卡洛模拟方法，提出了中国向量型概率地震危险性分析和向量型地震危险性分解方法，开发了中国向量型概率地震危险性分析和向量型地震危险性分解程序，并对我国某核电厂厂址进行了分析，得到了厂址危险性曲面和向量危险性分解结果。

(3) 基于蒙特卡洛模拟的中国条件型概率地震危险性分析：基于条件型概率地震危险性分析理论和中国地震活动性特点，运用蒙特卡洛模拟方法，提出了中国条件型概率地震危险性分析方法，开发了中国条件型概率地震危险性分析程序，并对我国某核电厂厂址进行了分析，得到了厂址条件危险性曲线。

(4) 地震重现期分析：总结了单变量地震重现期基本理论，并对算例厂址进行单变量地震重现期分析。在地震工程领域单变量地震重现期概念基础上，首次提出了双变量地震重现期和条件地震重现期概念，并给出了两类新提出的地震重现期概念的理论基础，分析了三类地震重现期概念间相互关系，最后对算例厂址分别进行了单变量地震重现期、双变量地震重现期和条件地震重现期分析。

(5) 场地相关谱生成：基于标量型概率地震危险性分析和分解结果，生成了算例厂址一致危险谱、一致风险谱、条件均值谱和条件谱；基于向量型概率地震危险性分析和分解结果，生成了算例厂址简化广义条件均值谱-Ⅰ、简化广义条件谱-Ⅰ、具有指定向量型危险性信息的简化广义条件均值谱-Ⅱ和简化广义条件谱-Ⅱ；基于条件型概率地震危险性分析结果，生成了算例厂址条件一致危险谱。

(6) 地震动的选取与调整：以条件谱、简化广义条件谱-Ⅰ和简化广义条件谱-Ⅱ为目标谱，运用贪心优化算法，以 NGA-West2 为备选数据库，选取和调整了相应地震动记录。

(7) 安全壳地震易损性分析：总结和推导了平均值地震易损性函数公式和具有置信度的地震易损性函数公式，在"中位值的中位值"概念基础上，首次基于"易损性的不确定性"角度推导了具有置信度易损性公式。分析了两类模型的基本理论和性质，总结了两类高置信度低失效概率值定义，分析了两类定义间关系。运用安全系数法，基于解析地震易损性数据和经验地震易损性数据，生成了安全壳地震易损性曲线和高置信度低失效概率值。

(8) 安全壳概率地震风险分析：总结了考虑知识不确定性的地震风险解析模型，首次推导了平均值地震风险解析模型的置信度函数，对不同危险性厂址条件下平均值地震风险模型的置信度进行了分析。基于地震风险解析模型，综合算例厂址地震危险性和安全壳地震易损性结果，计算了安全壳地震风险。

1.3.2 研究技术路线

本书的技术路线如图 1-2 所示。本书第 2 章首先进行了标量型概率地震危险性分析和标量型地震危险性分解研究。在第 2 章研究基础上，第 3 章进一步进行了考虑地震动强度参数相关性的向量型概率地震危险性分析、向量型地震危险性分解和条件型概率地震危险性分析研究。利用第 2 章和第 3 章概率地震危险性分析和地震危险性分解结果，第 4 章分别生成了标量型场地相关谱、向量型场地相关谱和条件型场地相关谱，同时基于生成的场地相关谱和地震危险性分解结果选取了地震动。利用第 4 章生成的场地相关谱和选取的地震动，基于安全系数法，第 5 章进行了安全壳地震易损性分析。最后，综合第 2 章标量型概率地震危险性分析和第 5 章安全壳地震易损性分析结果，第 6 章基于地震风险解析函数，计算了安全壳地震风险。第 7 章给出研究结论及展望。

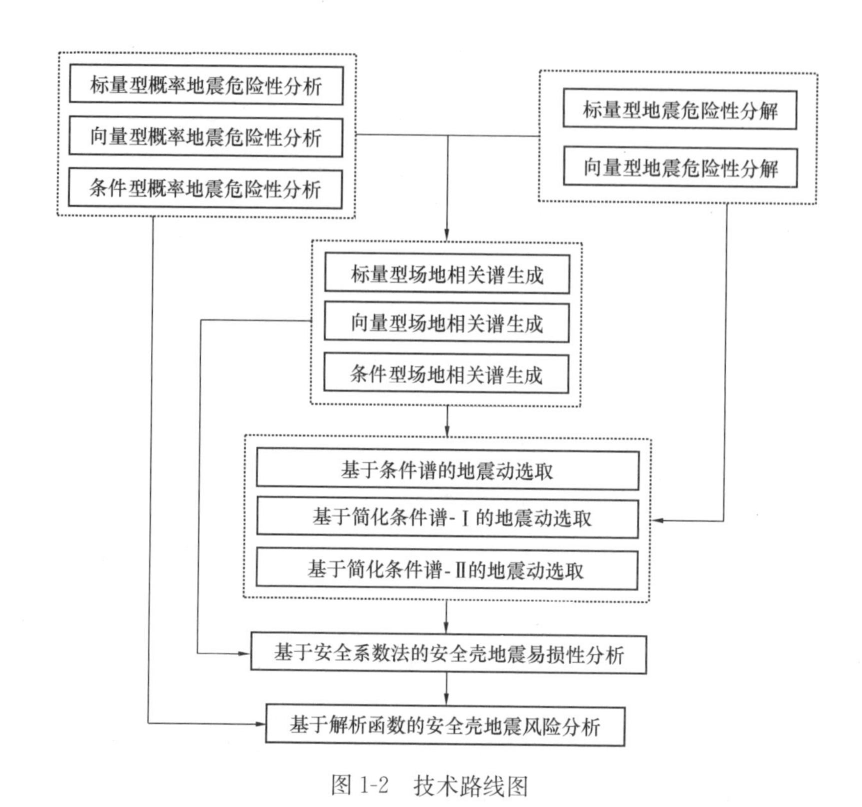
标量型概率地震危险性分析
向量型概率地震危险性分析
条件型概率地震危险性分析
标量型地震危险性分解
向量型地震危险性分解
标量型场地相关谱生成
向量型场地相关谱生成
条件型场地相关谱生成
基于条件谱的地震动选取
基于简化条件谱-Ⅰ的地震动选取
基于简化条件谱-Ⅱ的地震动选取
基于安全系数法的安全壳地震易损性分析
基于解析函数的安全壳地震风险分析

图 1-2　技术路线图

第 2 章 场地相关标量型概率地震危险性分析

2.1 引言

概率地震危险性分析是概率地震风险分析的第一步，将为后续分析步骤提供地震输入基础。广义上讲，概率地震危险性分析通常包括地震危险性分析和地震危险性分解两部分，输出结果分别为地震危险性曲线和不同震源对目标厂址地震危险性贡献率。考虑中国地震活动性特点，我国学者在传统 Cornell-McGuire 方法基础上进行了改进，形成了中国概率地震危险性分析（Chinese Seismic Probabilistic Seismic Hazard，*c*-PSHA）理论。基于上述研究背景，本章分别总结 Cornell-McGuire 概率地震危险性分析和 *c*-PSHA 基本原理，对比分析 *c*-PSHA 方法主要特点。基于 *c*-PSHA 方法特点，对采用 Cornell-McGuire 概率地震危险性法的程序 EqHaz 进行修改，开发进行中国概率地震危险性分析和分解程序，通过对中国某核电厂厂址地震安评计算结果再现，验证程序的可靠性。最后基于开发的程序，对我国华南地区某核电厂厂址进行概率地震危险性分析和地震危险性分解计算，得到该厂址地震危险性曲线和设定地震结果。本章内容分析结果将为第 4 章标量型场地相关谱的生成和第 6 章概率地震风险分析提供分析基础。

2.2 场地相关概率地震危险性分析与分解基本原理

2.2.1 Cornell-McGuire 概率地震危险性分析基本原理

1968 年 Cornell[6] 首先提出了概率地震危险性分析（Probabilistic Seismic Hazard Analysis，PSHA）方法，之后 McGuire[7] 为该方法提供了软件支持，所以现在国际上流行的 PSHA 方法通常也被称为 Cornell-McGuire 方法。Cornell-McGuire 方法主要包括四个步骤：1）确定震源；2）确定震级和震源到场址距离；3）确定地震动预测方程；4）综合上述三个步骤，基于全概率定理，生成地震危险性曲线。地震危险性分析流程，如图 2-1

所示[5]。

Cornell-McGuire 方法有三个基本假设[6]：1）在潜在震源区，地震震级分布服从古登堡-里克特关系；2）在潜在震源区，地震发生的空间分布服从均匀分布；3）在潜在震源区，地震发生时间服从齐次泊松过程模型。

地震震级通常服从古登堡-里克特公式，可表示为[60]：

$$\log_{10}(\lambda_m) = a - bm \tag{2-1}$$

式中，λ_m 是 m 级以上地震年平均发生率；a 和 b 是古登堡-里克特系数。

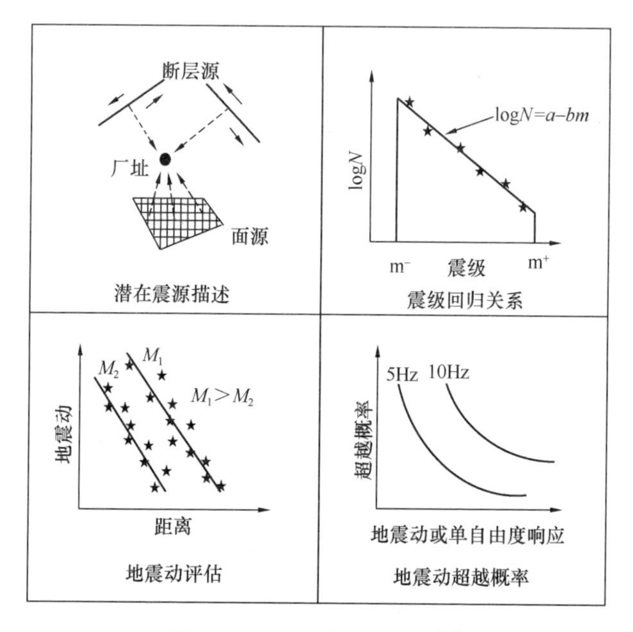

图 2-1　PSHA 方法流程图[5]

通常地震震级是有上下限的，震级发生概率可表示为[60]：

$$P(M < m \mid m_0 < m < m_{\max}) = \int_{m_0}^{m} f_M(m)\mathrm{d}m \tag{2-2}$$

式中，m_0 是起算震级；$m_{\max}$ 是最大震级；$f_M(m)$ 为震级的概率密度函数，可表示为[60]：

$$f_M(m) = \frac{b\ln(10)\ 10^{-b(m-m_0)}}{1-10^{-b(m_{\max}-m_0)}} \tag{2-3}$$

在每个潜在震源区，地震发生空间分布服从均匀分布，震源到厂址距离发生概率可表示为[60]：

$$P(R < r) = \int_{r_{\min}}^{r_{\max}} f_R(r)\mathrm{d}r \tag{2-4}$$

式中，$f_R(r)$ 为距离的概率密度函数。

地震动参数强度水平超越概率可表示为[60]：

$$P(IM \geqslant x \mid m,r) = 1 - \Phi\left(\frac{\ln x - \overline{\ln IM}}{\sigma_{\ln IM}}\right) \tag{2-5}$$

式中，$\overline{\ln IM}$ 为地震动预测方程对数平均值；$\sigma_{\ln IM}$ 为地震动预测方程对数标准差。

基于全概率计算公式，Cornell-McGuire 方法计算得到的地震动强度参数超越某强度水准的年平均发生率可以表示为[60]：

$$\nu(x) = \sum_{i=1}^{N}\lambda_i(m_0)\int_{m_0}^{m_{\max}}\int_{r_{\min}}^{r_{\max}} f_{M_i}(m)f_{R_i}(r)P(IM > x \mid m,r)\mathrm{d}m\mathrm{d}r \tag{2-6}$$

式中，$\lambda_i(m_0)$ 是 m_0 以上地震年发生率；$f_{M_i}(m)$ 是震级的概率密度函数；$f_{R_i}(r)$ 是距离的概率密度函数；$P(IM > x \mid m,r)$ 为震级和距离条件下地震动强度发生概率。

由于地震发生可假设服从齐次泊松过程模型，所以地震动强度参数的年超越概率可以表示为[60]：

$$P(x) = 1 - \exp(-\nu(x)) \tag{2-7}$$

2.2.2 中国概率地震危险性分析基本原理及特点

1. 中国概率地震危险性分析基本原理

我国学者[47]对 Cornell-McGuire 方法在我国的适用性进行了研究，研究发现传统 Cornell-McGuire 方法不适用于我国地震活动性时间和空间不均匀性的特点。在传统 Cornell-McGuire 方法的基础上，我国学者[47]进一步提出了考虑时间和空间不均匀性的中国概率地震危险性分析（Chinese Probabilistic Seismic Hazard Analysis，*c*-PSHA）方法。*c*-PSHA 方法和 Cornell-McGuire 方法基本原理相似，也存在三个基本假设[50]：1）在地震统计区，地震震级服从有界或截断古登堡-里克特公式；2）在地震统计区，地震发生时间服从齐次泊松过程；3）在潜在震源区，地震空间分布服从均匀分布。

地震震级服从截断古登堡-里克特公式，发生概率可以表示为[50]：

$$P(m_j) = \frac{2\exp[-\beta(m_j - m_0)]}{1-\exp[-\beta(m_{uz} - m_0)]} \cdot \mathrm{sh}\left(\frac{\beta}{2}\Delta m\right) \tag{2-8}$$

式中，$\beta = b\ln 10$，b 是古登堡-里克特系数；m_{uz} 是最大震级；m_0 是起算震级；

Δm 是最小震级区间。

地震大于起算震级 m_0 的发生时间服从泊松过程分布，在地震统计区大于年平均发生率 ν_0 的起算震级 m_0 地震的发生概率可表示为[50]：

$$P(n)=\frac{(\nu_0)^n\exp(-\nu_0)}{n!} \tag{2-9}$$

地震发生的空间分布在潜在震源区服从均匀分布，但在地震统计区中不同潜在震源区之间地震发生的空间分布是不均匀的，地震发生在空间某一点上的概率可表示为[50]：

$$P((x,y)_i\mid m_j)=f_{i,m_j}\cdot\frac{1}{A_i} \tag{2-10}$$

式中，f_{i,m_j} 是空间分布函数，表示第 m_j 个地震发生在第 i 个潜在震源区的概率；A_i 是第 i 个潜在震源区面积。

基于地震发生符合齐次泊松过程假设，c-PSHA 最终计算公式可表示为[50]：

$$\begin{aligned}P(Y\geqslant y)=1-\exp\Big[-\sum_{k=1}^{N_z}\sum_{j=1}^{N_m}\sum_{i=1}^{N_{ks}}\iiint P(Y\geqslant y\mid m_j,(x,y)_{k_i},\theta)\times f(\theta)\\ \times\frac{\nu_k f_{k_i,m_j}}{A_{k_i}}\times\frac{2\exp[-\beta_k(m_j-m_0)]}{1-\exp[-\beta_k(m_{uz_k}-m_0)]}\\ \times\mathrm{sh}(-\frac{\beta_k}{2}\times\Delta m)\mathrm{d}x\mathrm{d}y\mathrm{d}\theta\Big]\end{aligned} \tag{2-11}$$

式中，$f(\theta)$ 是方向角概率密度函数。

2. 中国概率地震危险性分析特点

Cornell-McGuire 方法只通过潜在震源区来表示震源的空间分布。而 c-PSHA 由于考虑了中国地震活动性时间和空间不均匀性的特点，需要采用潜在震源区层级划分方式。通过比较式（2-6）和式（2-11）可以发现，由于 c-PSHA 采用了潜在震源区层级划分方式，通常在分析计算中，需要引入空间分布函数 f_{i,m_j}，来表示某震级地震发生在空间某点的概率。

近年来，我国建设了全国地震监测台网，并记录了一定量的实际地震记录。但可用的实际地震记录仍相对较少，基于回归分析得到地震动预测方程的方法在我国仍很难实现。针对我国实际地震记录较少的现实，胡聿贤等[51]提出了借鉴其他国家地震动预测方程得到我国地震动预测方程的“转化法”，现阶段该方法仍是生成我国地震动预测方程的主要方式。基于我国某目标区地震烈度衰减方程，连同美国西部地震动参数预测方程和地震烈度衰减方程，可以通过“转化法”得到目标区地震动强度参数预测方程。由于地震活动性的特点，我国地震烈度衰减方程通常由椭圆型预测方程来表示，基于转化法，地震动预测方程通常也是椭圆方程形式。

我国地震动预测方程可表示为[52]：

$$\log Y = A + BM + C\log(R + D\exp(EM)) + \varepsilon\sigma_{\log Y} \tag{2-12}$$

式中，Y 为地震动强度参数，如峰值加速度（PGA）和谱加速度（Sa）等；M 是震级；R 是震源到厂址距离；A、B、C、D 和 E 为地震动预测方程参数；ε 是一个标准正态随机变量，代表 $\log Y$ 的观测变量；$\sigma_{\log Y}$ 是地震动预测方程的预测标准差。

由于我国地震动预测方程通常由椭圆方程形式表示，那么对于每个指定地震强度参数（如 PGA 和 PGV 等）的预测方程通常包括长轴系数和短轴系数，可表示为：

$$\log\overline{Y} = C_1^{\mathrm{L}} + C_2^{\mathrm{L}}M + C_3^{\mathrm{L}}\log(a + C_4^{\mathrm{L}}\exp(C_5^{\mathrm{L}}M)) \tag{2-13a}$$

$$\log\overline{Y} = C_1^{\mathrm{S}} + C_2^{\mathrm{S}}M + C_3^{\mathrm{S}}\log(b + C_4^{\mathrm{S}}\exp(C_5^{\mathrm{S}}M)) \tag{2-13b}$$

式中，$\overline{Y}$ 为地震动强度参数的中位值；C_1^{L}、C_2^{L}、C_3^{L}、C_4^{L} 和 C_5^{L} 为地震动预测方程长轴系数；C_1^{S}、C_2^{S}、C_3^{S}、C_4^{S} 和 C_5^{S} 为地震动预测方程短轴系数。

式（2-13a）和式（2-13b）可进一步转化为：

$$a = \exp\left(\frac{\ln\overline{Y} - C_1^{\mathrm{L}} - C_2^{\mathrm{L}}M}{C_3^{\mathrm{L}}}\right) - C_4^{\mathrm{L}}\exp(C_5^{\mathrm{L}}M) \tag{2-14a}$$

$$b = \exp\left(\frac{\ln\overline{Y} - C_1^{\mathrm{S}} - C_2^{\mathrm{S}}M}{C_3^{\mathrm{S}}}\right) - C_4^{\mathrm{S}}\exp(C_5^{\mathrm{S}}M) \tag{2-14b}$$

椭圆方程可以表示为：

$$\frac{x^2}{a^2} + \frac{y^2}{b^2} = 1 \tag{2-15}$$

取一个直角坐标系统，震中为坐标原点，椭圆方程的长轴和短轴分别取为 X 和 Y 轴，那么在直角坐标系统中，目标厂址的坐标可分别表示为：

$$x = R \times \cos(|2\pi - \delta - \varphi - \pi/2|) = R \times \cos(\theta) \tag{2-16a}$$

$$y = R \times \sin(|2\pi - \delta - \varphi - \pi/2|) = R \times \sin(\theta) \tag{2-16b}$$

式中，δ 是潜在震源区中长轴的方向角，取地球东轴为 0 度，逆时针为正；φ 是厂址与震中连线的方向角，取地球南轴为 0 度，顺时针为正；θ 为震源长轴和厂址与震中连线夹角。

将式（2-16a）、式（2-16b）、式（2-14a）和式（2-14b）带入式（2-15）中，可以得到：

$$\frac{R^2 \times \cos^2(\theta)}{\left(\exp\left(\frac{\ln\overline{Y} - C_1^{\mathrm{L}} - C_2^{\mathrm{L}}M}{C_3^{\mathrm{L}}}\right) - C_4^{\mathrm{L}}\exp(C_5^{\mathrm{L}}M)\right)^2}$$

$$+\frac{R^2\times\sin^2(\theta)}{\left(\exp\left(\frac{\ln\overline{Y}-C_1^S-C_2^S M}{C_3^S}\right)-C_4^S\exp(C_5^S M)\right)^2}-1=0 \tag{2-17}$$

通常可以运用某些数值方法来求解式（2-17），如二分法等。

2.2.3 中国地震危险性分解

地震危险性分解的任务是分析不同震源对目标厂址地震危险性的贡献率。基于地震危险性分解结果，可以进一步计算设定地震。由于中国地震动预测方程通常为椭圆形式，如果设定地震仅仅由震级和距离表示，就不能由设定地震直接求解地震动预测方程，进而确定地震动强度参数水平。相应 c-PSHA 理论，通常设定地震至少由震级、距离和方向角三个参数来表示。后续确定中国厂址条件均值谱和广义条件均值谱时，都需要由三参数表示的设定地震来求解中国地震动预测方程。

c-PSHA 的年平均发生率可以表示为：

$$\lambda_{s_j}=\sum_{i=1}^{N}\nu_i\left\{\int_m\int_r\int_\theta P\{Sa(T_j)>s_j\mid m,r,\theta\}\times f_{M,R,\Theta}(m,r,\theta)\mathrm{d}m\mathrm{d}r\mathrm{d}\theta\right\}_i \tag{2-18}$$

单位区间震级、距离和方向角年平均发生率可表示为：

$$\lambda_{s_j,x,y,z}=\sum_{i=1}^{N}\nu_i\left\{\int_{m_{x-1}}^{m_x}\int_{r_{y-1}}^{r_y}\int_{\theta_{z-1}}^{\theta_z}P\{Sa(T_j)>s_j\mid m,r,\theta\}\times f_{M,R,\Theta}(m,r,\theta)\mathrm{d}m\mathrm{d}r\mathrm{d}\theta\right\}_i \tag{2-19}$$

那么单位区间震级、距离和方向角对于整个地震危险性的贡献率可表示为：

$$\begin{cases}P(m_x\geqslant m\geqslant m_{x-1}\mid Sa(T_j)>s_j)=\sum_{y=1}^{y_N}\sum_{z=1}^{z_N}\frac{\lambda_{s_j,x,y,z}}{\lambda_{s_j}}\\ P(r_y\geqslant r\geqslant r_{y-1}\mid Sa(T_j)>s_j)=\sum_{x=1}^{x_N}\sum_{z=1}^{z_N}\frac{\lambda_{s_j,x,y,z}}{\lambda_{s_j}}\\ P(\theta_z\geqslant \theta\geqslant \theta_{z-1}\mid Sa(T_j)>s_j)=\sum_{x=1}^{x_N}\sum_{y=1}^{y_N}\frac{\lambda_{s_j,x,y,z}}{\lambda_{s_j}}\end{cases} \tag{2-20}$$

式中，$Sa(T_j)$ 为地震危险性分解中选取的地震动强度参数；s_j 为地震危险性分解中选取的目标地震动强度水准。

基于得到的地震危险性分解结果，平均值设定地震可以表示为：

$$
\begin{cases}
\overline{M} = \sum_{x=1}^{x_N}\sum_{y=1}^{y_N}\sum_{z=1}^{z_N}\frac{(m_{x-1}+m_x)}{2}\frac{\lambda_{s_j,x,y,z}}{\lambda_{s_j}} \\
\overline{R} = \sum_{x=1}^{x_N}\sum_{y=1}^{y_N}\sum_{z=1}^{z_N}\frac{(r_{y-1}+r_y)}{2}\frac{\lambda_{s_j,x,y,z}}{\lambda_{s_j}} \\
\overline{\Theta} = \sum_{x=1}^{x_N}\sum_{y=1}^{y_N}\sum_{z=1}^{z_N}\frac{(\theta_{z-1}+\theta_z)}{2}\frac{\lambda_{s_j,x,y,z}}{\lambda_{s_j}}
\end{cases}
\tag{2-21}
$$

2.3 基于蒙特卡洛模拟的概率地震危险性分析和分解

2.3.1 基于蒙特卡洛模拟的标量型中国概率地震危险性分析和分解方法

概率地震危险性分析不仅可以由数值积分方法计算，而且可以采用蒙特卡洛模拟的方法求解。有学者研究发现，基于蒙特卡洛模拟的 PSHA 方法具有程序便于修改和方便进行地震危险性分解等优点。目前基于蒙特卡洛的 PSHA 方法主要可分为 Musson 法[38-39]和 Ebel 法[40]。

Musson 法[38-39]基本假设是地震发生符合泊松过程，首先运用蒙特卡洛抽样技术，生成人工地震，将生成的人工地震代入地震动预测方程，并考虑预测结果的不确定性，得到每个人工地震在目标场地产生的地震动强度参数，最后将生成的人工地震动强度参数按大小进行排序，得到指定目标超越概率下的地震动强度水平，例如基于蒙特卡洛方法对 50000 年数据人工模拟了 400 次，然后对生成的地震动强度参数按从大到小排序，那么第 2001 数据的地震动强度的年超越概率即为 0.0001。

Ebel 法[40]的基本假设是地震导致目标场地地震动符合泊松过程，运用蒙特卡洛抽样技术，生成人工地震，将生成的人工地震代入地震动预测方程，并考虑预测结果的不确定性，得到每个人工地震产生的地震动强度参数，经比较计算，运用式（2-22）和式（2-23）计算地震动强度超越概率。

$$
P(a > a_0) = 1 - e^{-\lambda_T(a_0)} \tag{2-22}
$$

式中，$\lambda_T(a_0)$ 是超越 a_0 地震动强度水准的 T 年平均发生率，具体可表示为：

$$
\lambda_T(a_0) = \frac{T}{T_0}\sum_k H[a_k - a_0] \tag{2-23}
$$

式中，$H[\ ]$ 为阶跃函数，T_0 为人工地震序列持续时间，a_k 为序列中第 k 个人工地震动强度大小。

基于蒙特卡洛模拟方法可方便进行地震危险性分解，对于标量型地震危险性分解有两种实现途径：1）对生成人工地震动参数进行排序，基于指定超越概率，得到对应的人工地震动参数序列，然后统计分析得到地震动分解结果。例如基于蒙特卡洛模拟方法对50000年数据人工模拟了400次，然后对生成的地震动强度参数按从大到小排序，那么前2000地震动序列就是有贡献地震动序列，对此序列进行统计得到分解结果；2）首先确定对应指定超越概率水平的目标地震动强度参数大小，然后通过逐一比较基于蒙特卡洛模拟生成地震动参数强度水平与目标地震动强度参数大小，统计所有超越的人工地震动序列，对此序列进行统计得到分解结果。

基于蒙特卡洛模拟的中国概率地震危险性分析方法基本原理与基于蒙特卡洛模拟的Cornell-McGuire方法基本原理一致，只是在实现过程中需要加入一些体现中国概率地震危险性分析方法特点的计算函数，如空间分布函数、地震动预测方程中的方向角和一些求解中国地震动预测方程的数值算法。

基于蒙特卡洛模拟的中国概率地震危险性分解基本原理与基于蒙特卡洛模拟的Cornell-McGuire方法基本原理一致，为生成中国场地的条件均值谱等场地目标谱，分解结果至少需要包括震级、距离和方向角等三个参数，基于上述分解结果生成的设定地震，可进一步求解椭圆形式的中国地震动预测方程，进而可确定由设定地震控制的地震动强度参数值。

2.3.2 基于蒙特卡洛模拟的标量型中国概率地震危险性分析和分解程序

目前国内外已经存在众多概率地震危险性分析和分解计算程序。但由于我国地震活动性的特点，国外概率地震危险性分析程序无法直接用于中国，而国内广泛使用的ESE软件的分解计算结果，无法得到用于后续生成条件均值谱的设定地震。开发中国地震危险性分析和分解程序的方法主要有两种方式：1）完全自主编辑程序，实现上述功能；2）基于中国地震活动性特点，对国外进行地震危险性分析和分解的开源程序进行修改，实现上述功能。本书选择后一种方式。

本书选择Assatourians和Atkinson开发的EqHaz程序[46]，基于中国概率地震危险性分析和分解理论特点进行二次开发。EqHaz程序基本理论是基于蒙特卡洛模拟的Cornell-McGuire方法，可以分别进行概率地震危险性分析和地震危险性分解计算。EqHaz程序是开源程序，基于FORTRAN语言进行编辑，主要包括三个子程序，分别为EqHaz1、EqHaz2和EqHaz3。原程序三个子程序分别具有生成人工地震、生成地震危险性曲线和地震危险分解的功能。本章基于*c*-PSHA理论的特点，对三个子程序进行修改，修改后流程如图2-2所示。

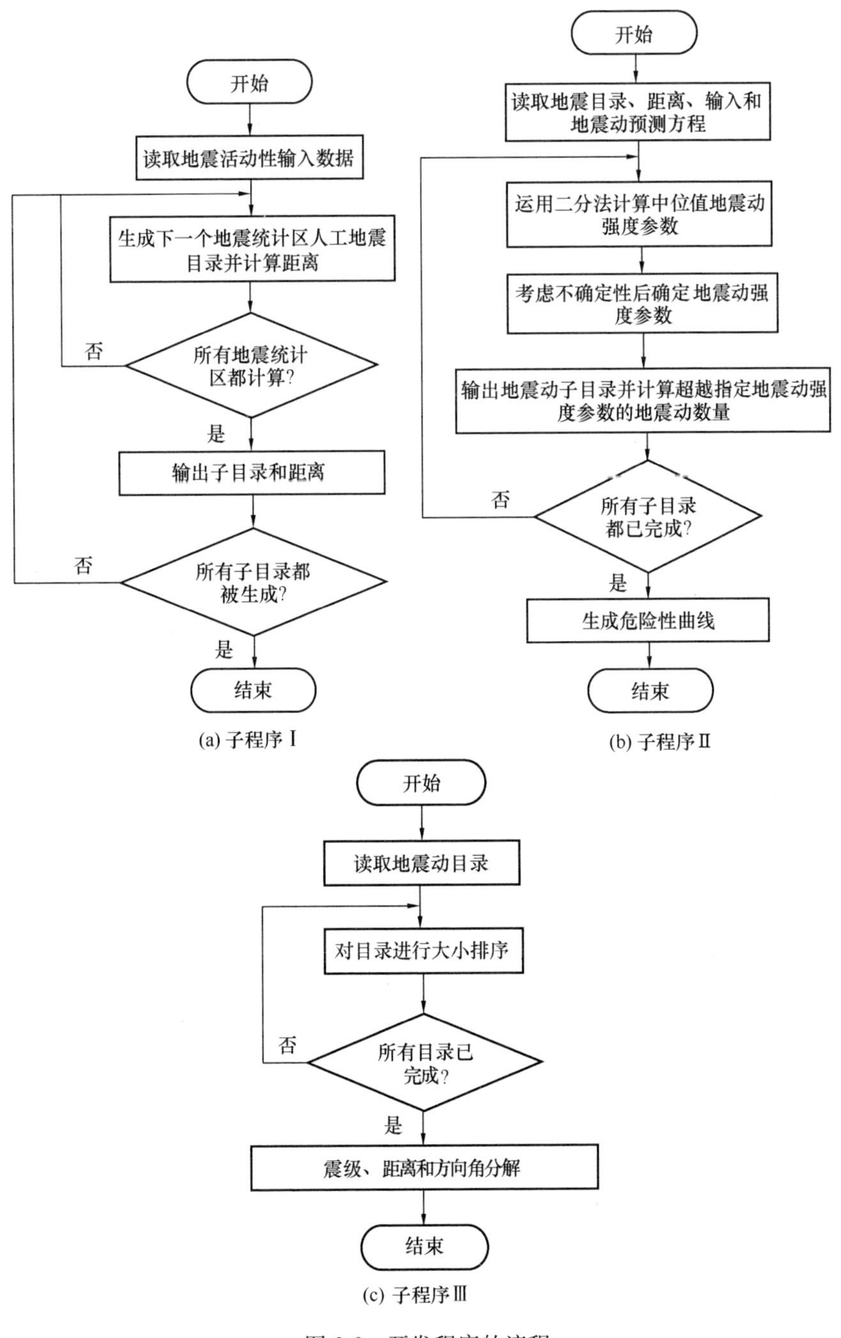

(a) 子程序 Ⅰ

(b) 子程序 Ⅱ

(c) 子程序 Ⅲ

图 2-2　开发程序的流程

1. 子程序Ⅰ

对 EqHaz1 原程序进行修改，生成了子程序Ⅰ。EqHaz1 原程序功能是基于蒙特卡洛模拟方法生成人工地震事件。为了体现 c-PSHA 理论特点，对原程序主要进行以下修改：1）将空间分布函数写入 EqHaz1 程序中，体现 c-PSHA 时空不均匀性特点；2）在地震统计区生成人工地震，然后基于写入的空间分布函数将生成人工地震赋予到相应的潜在震源区；3）生成的地震事件包括震源长轴和厂址与震中连线夹角 θ。

2. 子程序Ⅱ

对 EqHaz2 原程序进行修改，生成了子程序Ⅱ。EqHaz2 原程序功能是生成地震危险性曲线。由于 c-PSHA 中地震动预测方程包括长轴和短轴两套系数，所以需要某些数值方法求解中国椭圆形预测方程。对原程序进行修改，引入二分法，求解推导后的中国地震动预测方程（2-17）。生成了基于 c-PSHA 理论的地震危险曲线计算程序。

3. 子程序Ⅲ

对 EqHaz3 原程序进行修改，生成了子程序Ⅲ。EqHaz3 原程序功能是进行地震危险性分解。为后续条件均值谱等的计算，需要设定地震至少要包括震级、距离和方向角 θ 信息，原程序中没有方向角的分解功能，在原程序基础上，子程序Ⅲ加入方向角 θ 分解功能。

2.3.3 程序收敛性分析和程序验证

为得到可靠的模拟结果，基于蒙特卡洛模拟的概率地震危险性分析程序通常需要更多模拟次数，才能可靠地生成较低失效概率下的地震动参数强度，所以基于蒙特卡洛模拟的概率地震危险性分析程序收敛性需要测试。Musson[38-39]通过观察不同模拟次数下危险性曲线来研究蒙特卡洛模拟结果误差。Smith[42]给出了基于蒙特卡洛模拟地震危险性结果误差公式：将正态分布近似为 Possion 分布，生成了近似 2.5%分位值和 97.5%分位值的统计区间，标准差可表示为：

$$\sigma = \frac{\lambda}{\sqrt{N}} = \frac{\lambda}{\sqrt{\lambda T}} \tag{2-24}$$

式中，λ 是事件年发生率，设为 Possion 过程的一个变量；N 是 T 年内的期望发生次数；如果假设地震发生服从 Possion 分布，并且地震动参数强度水平的年超越概率取为 λ，那么每个地震动强度水平的平均年超越概率可表示为 $1-e^{-\lambda}$，2.5%分位值限值可近似表示为 $1-e^{-(\lambda-2\sigma)}$，97.5%分位值限值可以近似表示为 $1-e^{-(\lambda+2\sigma)}$。

为了验证程序的可用性，本书对程序的收敛性和精确性进行验证。对我国华南地区某核电厂厂址地震危险性进行分析，地震活动性参数与后面算例一致，地震动预测方程采用地震安评选用的预测方程。经计算得到不同模拟次数下，峰值加速度危险性分析结果，如图 2-3 所示。可发现对于某核电厂厂址，400 次模拟 50000 年地震活动性数据分析结果，对于万年一遇峰值加速度危险性水平分析精度可接受。

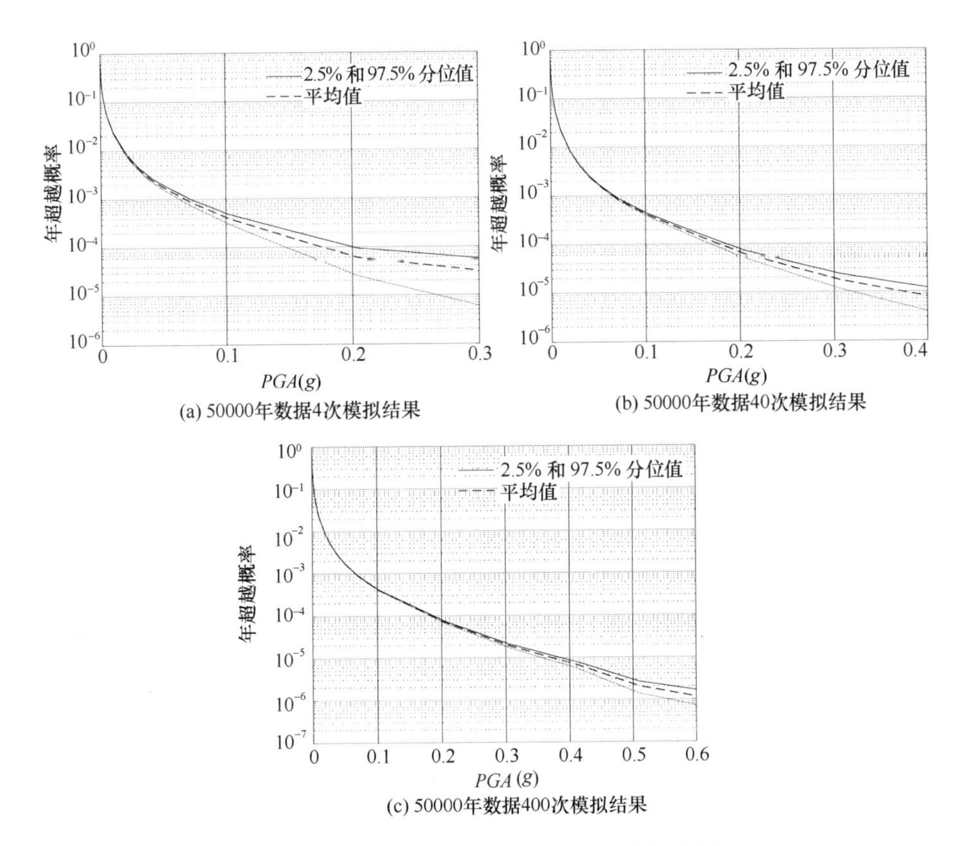

图 2-3　基于蒙特卡洛模拟程序的收敛性分析

为了验证本程序的可靠性，运用本书程序对中国华南地区某厂址地震危险性进行了分析，地震活动性参数与后面算例一致，地震动预测方程采用地震安评选用的预测方程。根据上文分析结果，采用 400 次模拟 50000 年数据结果，得到地震危险性曲线，并将本程序得到的一致危险谱与地震安全性评价报告得到的一致危险谱进行比较，见图 2-4，可发现本书程序得到的危险性分析结果较为可靠。

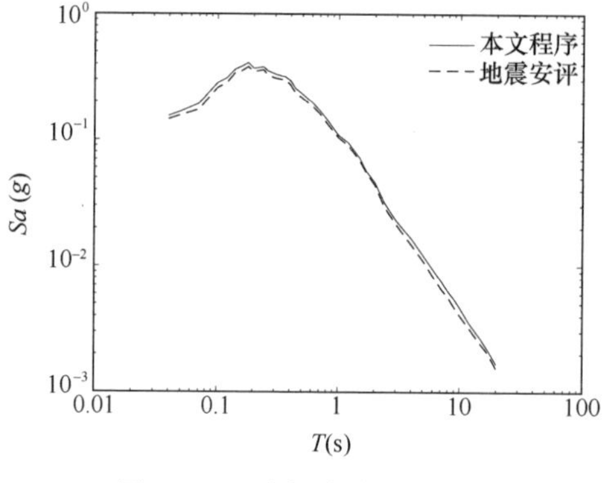

图 2-4　一致危险谱结果比较

2.4　华南地区某核电厂厂址概率地震危险性分析

2.4.1　华南地区某核电厂厂址地震活动性

本节对我国华南地区某核电厂厂址地震危险性进行分析。包括 1 个地震统计区，覆盖空间范围为北纬 19°～24°、东经 109°～116°。地震统计区地震活动性参数：最大震级 $M_{\max}$ 为 8.00，古登堡-里克特公式中 b 值为 0.87，四级以上地震年平均发生率 ν_4 为 5.60，震源深度为 15km。地震统计区主要包含了 32 个潜在震源区，见图 2-5。潜在震源区地震活动性参数主要有：空间

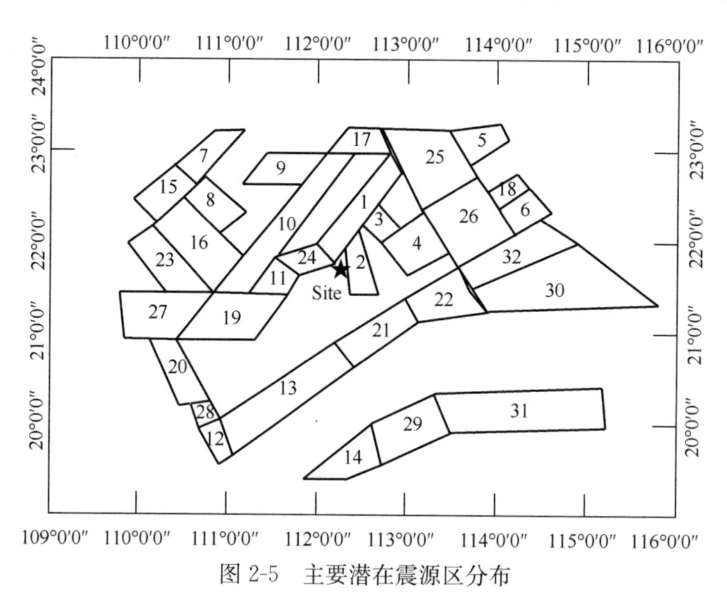

图 2-5　主要潜在震源区分布

分布函数 $f_{i,mj}$、最大震级 M_{max}、方向角 θ 及其权重 P 等，具体取值见表 2-1。

本书选择 1989 年霍俊荣[152]博士论文中给出的华南地区地震动预测方程，可表示为：

$$\log(Y)=C_1+C_2M+C_3\log(R+C_4\exp(C_5M))+\sigma_{\log(Y)}\varepsilon \tag{2-25}$$

式中，M 为面波震级，R 为断层投影距，C_1、C_2、C_3、C_4 和 C_5 为预测方程系数；ε 是一个标准正态随机变量，代表 log（Y）的观测变量；$\sigma_{\log(Y)}$ 是地震动预测方程的预测标准差。

潜在震源区地震活动性参数 **表 2-1**

编号	地震发生空间分布函数 $f_{i,mj}$							M_{max}	θ_1	P_1	θ_2	P_2
	4.0—5.0	5.0—5.5	5.5—6.0	6.0—6.5	6.5—7.0	7.0—7.5	>7.5					
1	0.00366	0.00313	0.00000	0.00000	0.00000	0.00000	0.00000	5.5	50	1.0	0	0.0
2	0.00345	0.00291	0.00000	0.00000	0.00000	0.00000	0.00000	5.5	110	1.0	0	0.0
3	0.00248	0.00200	0.00000	0.00000	0.00000	0.00000	0.00000	5.5	110	1.0	0	0.0
4	0.00336	0.00274	0.00000	0.00000	0.00000	0.00000	0.00000	5.5	50	1.0	0	0.0
5	0.00221	0.00495	0.00000	0.00000	0.00000	0.00000	0.00000	5.5	35	1.0	0	0.0
6	0.00212	0.00473	0.00000	0.00000	0.00000	0.00000	0.00000	5.5	30	1.0	0	0.0
7	0.00371	0.00313	0.00000	0.00000	0.00000	0.00000	0.00000	5.5	40	1.0	0	0.0
8	0.00281	0.00543	0.00000	0.00000	0.00000	0.00000	0.00000	5.5	140	1.0	0	0.0
9	0.00357	0.00304	0.00000	0.00000	0.00000	0.00000	0.00000	5.5	0	1.0	0	0.0
10	0.00503	0.00408	0.00000	0.00000	0.00000	0.00000	0.00000	5.5	55	1.0	0	0.0
11	0.00392	0.00321	0.00000	0.00000	0.00000	0.00000	0.00000	5.5	55	1.0	0	0.0
12	0.00279	0.00625	0.00660	0.00000	0.00000	0.00000	0.00000	6.0	120	1.0	0	0.0
13	0.00427	0.00956	0.01949	0.00000	0.00000	0.00000	0.00000	6.0	35	1.0	0	0.0
14	0.00291	0.00652	0.01039	0.00000	0.00000	0.00000	0.00000	6.0	50	1.0	0	0.0
15	0.00314	0.00269	0.00734	0.00000	0.00000	0.00000	0.00000	6.0	40	1.0	0	0.0
16	0.00524	0.00426	0.01600	0.00000	0.00000	0.00000	0.00000	6.0	140	0.7	50	0.3
17	0.00324	0.00278	0.00931	0.00000	0.00000	0.00000	0.00000	6.0	0	1.0	0	0.0

续表

编号	地震发生空间分布函数 $f_{i,mj}$							M_{max}	θ_1	P_1	θ_2	P_2
	4.0—5.0	5.0—5.5	5.5—6.0	6.0—6.5	6.5—7.0	7.0—7.5	>7.5					
18	0.00195	0.00434	0.00456	0.00000	0.00000	0.00000	0.00000	6.0	30	1.0	0	0.0
19	0.00211	0.01412	0.01560	0.00000	0.00000	0.00000	0.00000	6.0	0	1.0	0	0.0
20	0.00375	0.00843	0.01297	0.00000	0.00000	0.00000	0.00000	6.0	120	1.0	0	0.0
21	0.00433	0.00369	0.00657	0.01525	0.00000	0.00000	0.00000	6.5	35	1.0	0	0.0
22	0.00347	0.00777	0.00794	0.01845	0.00000	0.00000	0.00000	6.5	20	1.0	0	0.0
23	0.00489	0.00417	0.00726	0.01981	0.00000	0.00000	0.00000	6.5	130	0.7	50	0.3
24	0.00472	0.00395	0.00397	0.01745	0.00000	0.00000	0.00000	6.5	20	0.7	130	0.3
25	0.00443	0.00382	0.00979	0.02274	0.00000	0.00000	0.00000	6.5	120	1.0	0	0.0
26	0.00447	0.00382	0.00958	0.02227	0.00000	0.00000	0.00000	6.5	120	1.0	0	0.0
27	0.00410	0.00916	0.01016	0.01306	0.00000	0.00000	0.00000	6.5	0	1.0	0	0.0
28	0.00374	0.00838	0.00606	0.01407	0.00000	0.00000	0.00000	6.5	120	1.0	0	0.0
29	0.00343	0.00764	0.00773	0.01794	0.05566	0.00000	0.00000	7.0	20	1.0	0	0.0
30	0.00582	0.01299	0.01800	0.04126	0.12965	0.00000	0.00000	7.0	0	1.0	0	0.0
31	0.00649	0.01451	0.02228	0.06402	0.05767	0.22242	0.00000	7.5	1	1.0	0	0.0
32	0.00405	0.00908	0.02016	0.01793	0.03167	0.12657	0.00000	7.5	20	1.0	0	0.0

2.4.2 基于蒙特卡洛模拟概率地震危险性分析收敛性分析

选用一些典型的强度参数（Intensity Measure，IM）进行收敛性验证，包括 *PGA*、*Sa*（0.50s）、*Sa*（1.00s）和 *Sa*（5.00s），由于后面章节中的需要，*Sa*（0.07s）和 *Sa*（0.24s）也被选用。分析结果如图 2-6 所示。

分析结果表明所有指定 IM 收敛结果一致：50000 年数据 4 次模拟结果计算情况下，年超越概率 0.01 的地震动强度水平收敛性结果较好；50000 年数据 40 次模拟结果计算情况下，年超越概率 0.001 的地震动强度水平收敛性结果较好；50000 年数据 400 次模拟结果计算情况下，年超越概率 0.0001 的地震动强度水平收敛性结果较好。由于我国核电厂设计地震动年超越概率水平取为 0.0001，即万年一遇地震强度水准，所以本书选用 50000 年数据 400 次模拟结果，用于后续分析。

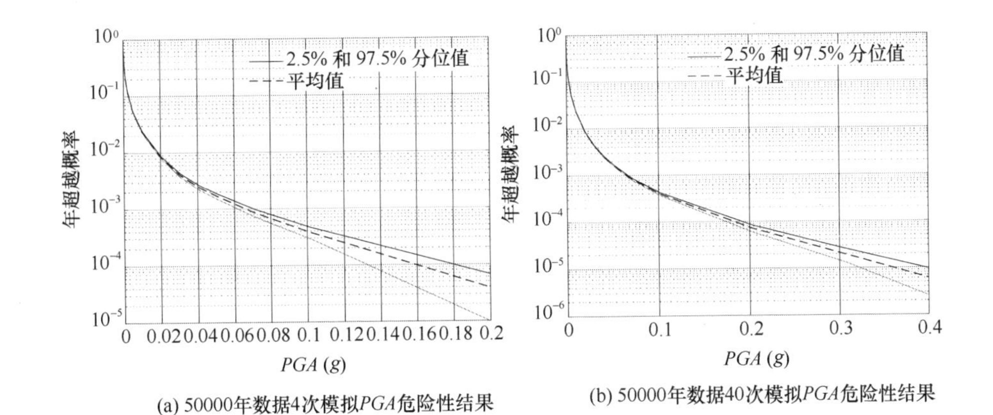

(a) 50000年数据4次模拟*PGA*危险性结果

(b) 50000年数据40次模拟*PGA*危险性结果

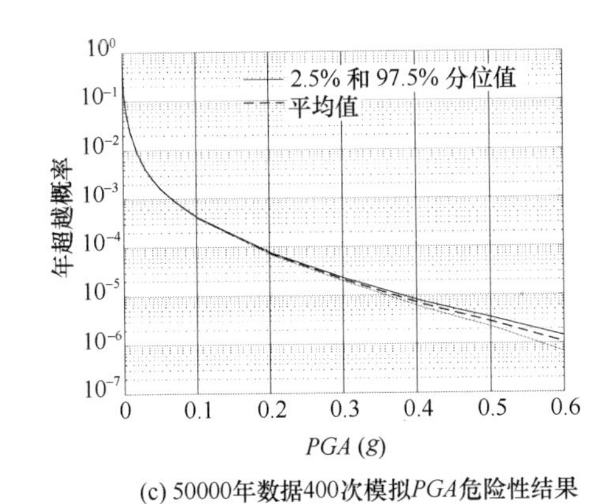

(c) 50000年数据400次模拟*PGA*危险性结果

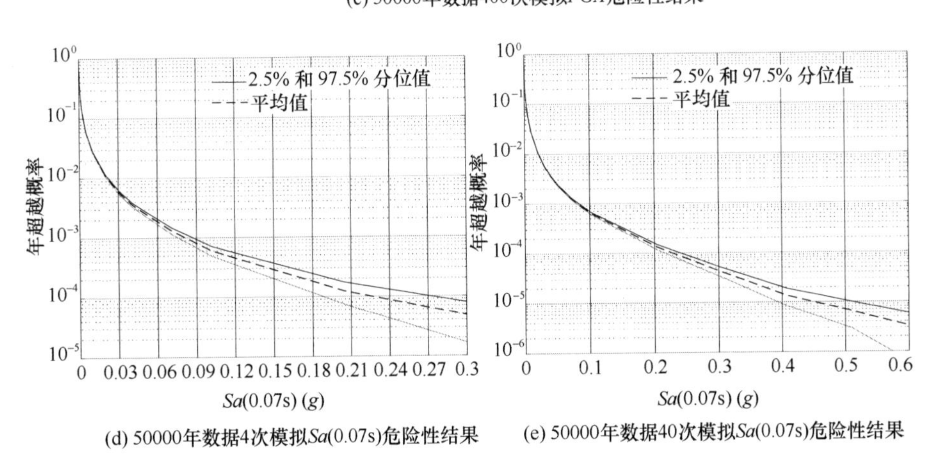

(d) 50000年数据4次模拟*Sa*(0.07s)危险性结果

(e) 50000年数据40次模拟*Sa*(0.07s)危险性结果

图 2-6　基于蒙特卡洛模拟程序收敛性分析（一）

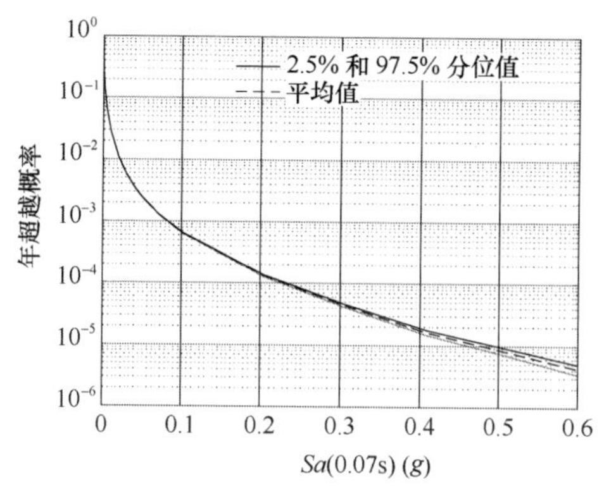

(f) 50000年数据400次模拟Sa(0.07s)危险性结果

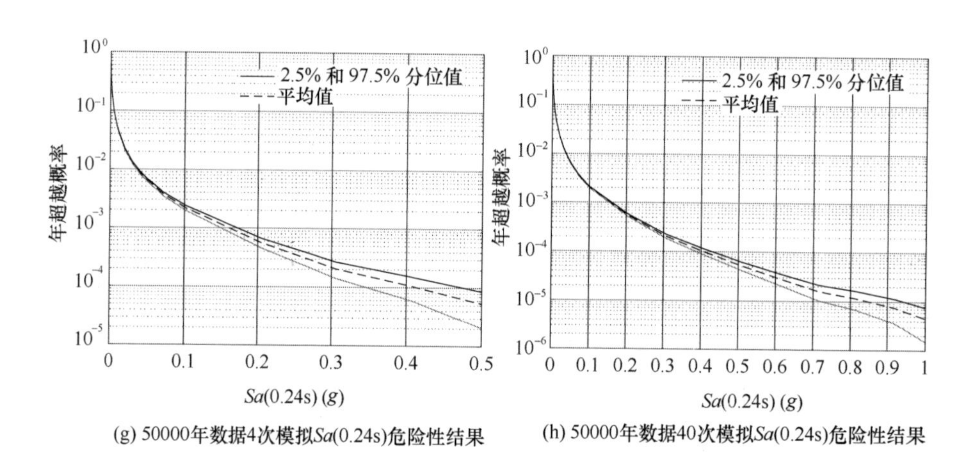

(g) 50000年数据4次模拟Sa(0.24s)危险性结果

(h) 50000年数据40次模拟Sa(0.24s)危险性结果

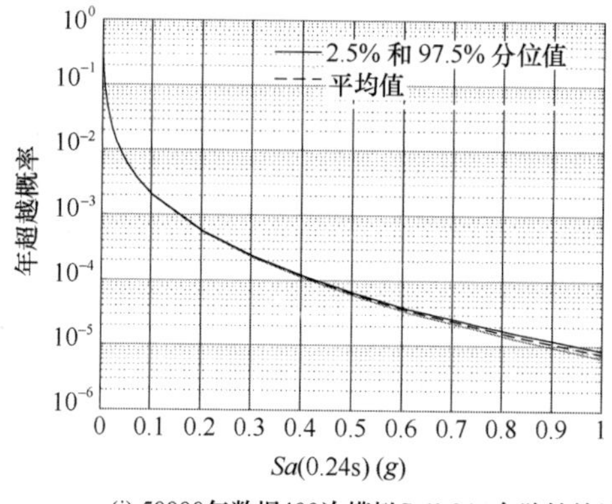

(i) 50000年数据400次模拟Sa(0.24s)危险性结果

图 2-6　基于蒙特卡洛模拟程序收敛性分析（二）

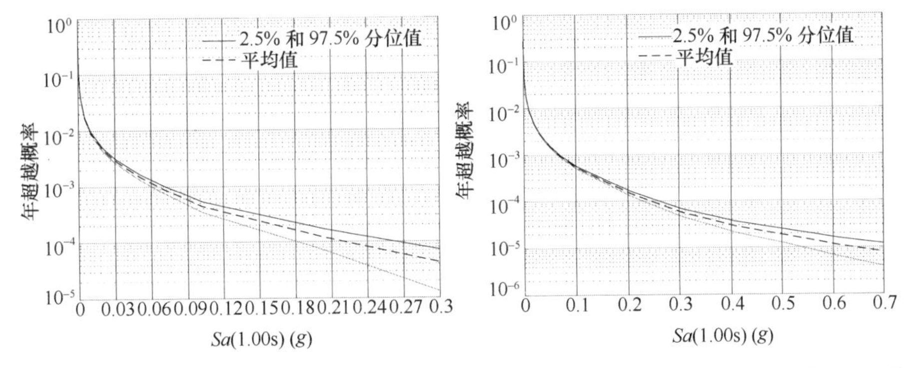

(j) 50000年数据4次模拟Sa(1.00s)危险性结果

(k) 50000年数据40次模拟Sa(1.00s)危险性结果

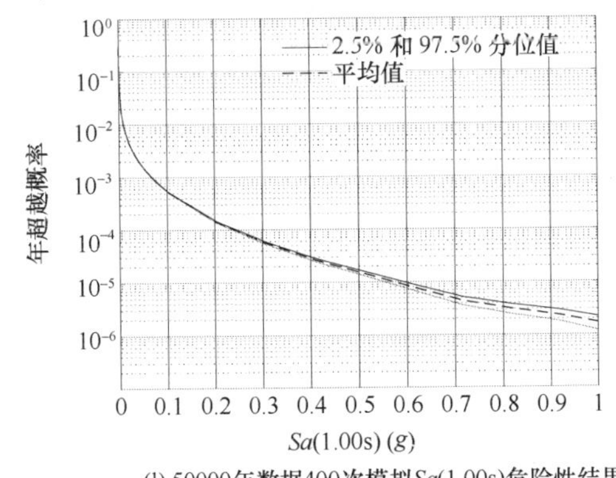

(l) 50000年数据400次模拟Sa(1.00s)危险性结果

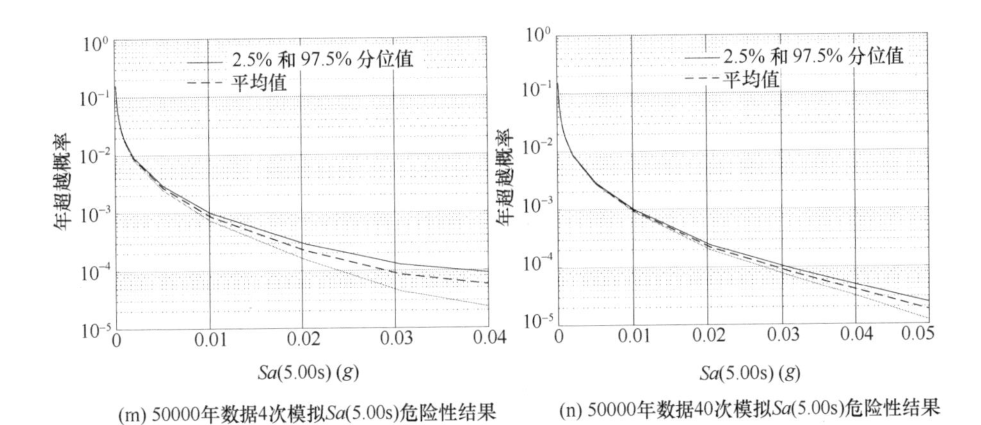

(m) 50000年数据4次模拟Sa(5.00s)危险性结果

(n) 50000年数据40次模拟Sa(5.00s)危险性结果

图 2-6 基于蒙特卡洛模拟程序收敛性分析（三）

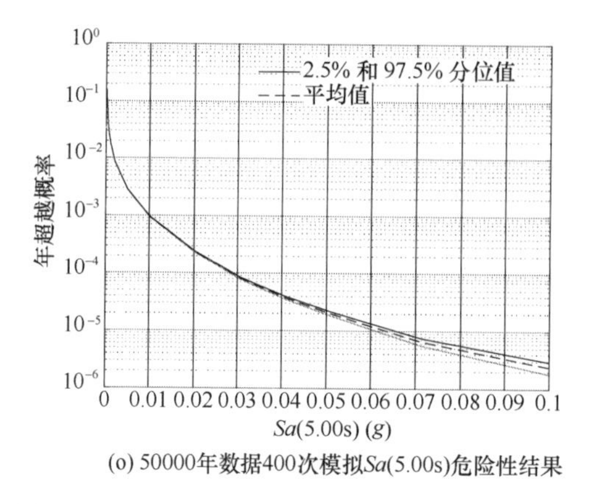

(o) 50000年数据400次模拟Sa(5.00s)危险性结果

图 2-6　基于蒙特卡洛模拟程序收敛性分析（四）

2.4.3　华南地区某核电厂厂址标量型概率地震危险性分析与分解

基于开发的程序，得到了我国华南地区某核电厂厂址标量型概率地震危险性分析结果。*PGA*、*Sa*（0.50s）、*Sa*（1.00s）、*Sa*（5.00s）和后面章节中要用到的 *Sa*（0.07s）和 *Sa*（0.24s）危险性曲线，见图 2-7。*PGA* 和所有周期下 *Sa* 地震危险性曲线，见图 2-8。

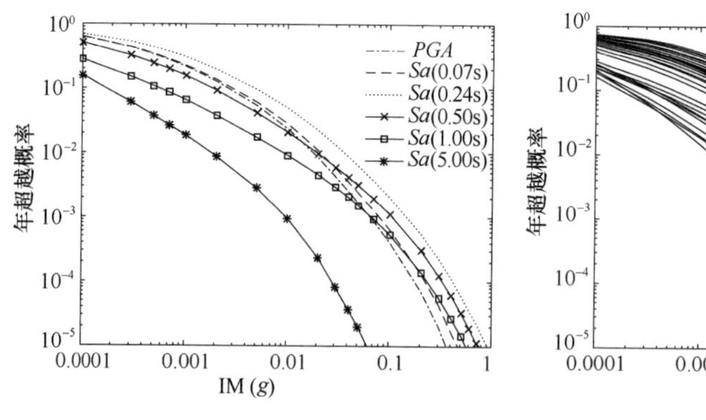

图 2-7　指定强度参数危险性曲线

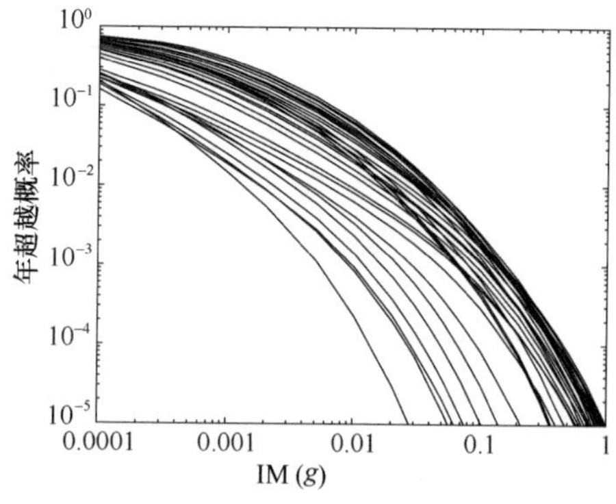

图 2-8　所有强度参数危险性曲线

基于开发的地震危险性分解程序，对算例地震危险性进行分解，选用一些典型 IM 的危险性进行分解，包括 *PGA*、*Sa*(0.5s)、*Sa*(1s)、*Sa*(5s)和后面章节中要用到的 *Sa*(0.07s)和 *Sa*(0.24s)。地震危险性分解结果见图 2-9。可发现：*PGA*、*Sa*(0.07s)和 *Sa*(0.24s)由震级范围 6～6.5 和距离范围 20～50km 的地震控制；*Sa*(0.50s)由震级范围 6～6.5、距离范围 20～50km 的地震和震级范围 7～7.5、距离范围大于 90km 地震共同控制；*Sa*(1.00s)和

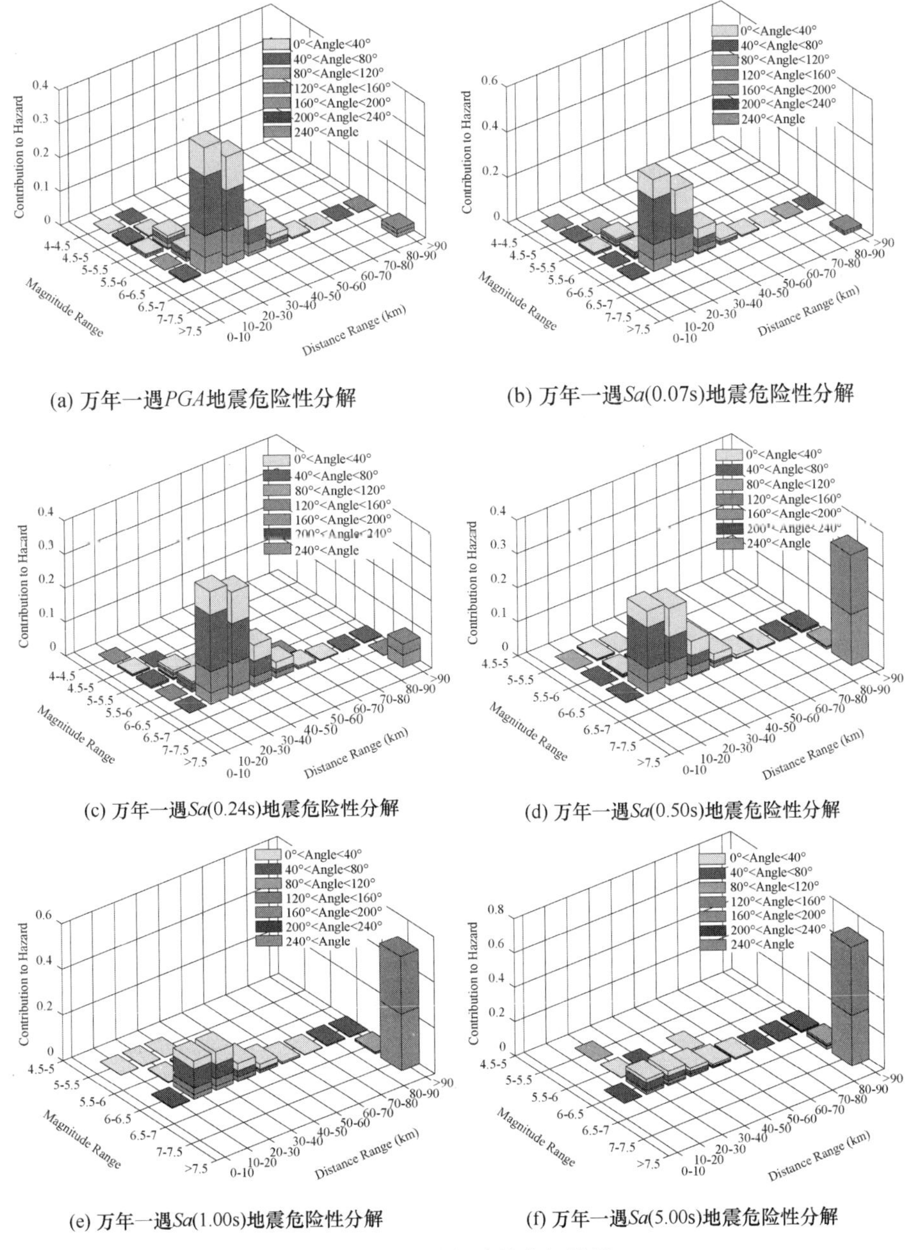

(a) 万年一遇*PGA*地震危险性分解

(b) 万年一遇*Sa*(0.07s)地震危险性分解

(c) 万年一遇*Sa*(0.24s)地震危险性分解

(d) 万年一遇*Sa*(0.50s)地震危险性分解

(e) 万年一遇*Sa*(1.00s)地震危险性分解

(f) 万年一遇*Sa*(5.00s)地震危险性分解

图 2-9　地震危险性分解结果

Sa(5.00s)由震级范围 7～7.5 和距离范围大于 90km 的地震控制。可发现，远距离大震对长周期 *Sa* 影响更大，所得结果与地震危险性一般规律一致，也验证了程序的可靠性。

基于生成的地震危险性分解结果，可以得到各个地震动强度参数的平均值设定地震，见表 2-2。可以发现短周期 Sa 值通常由近距离小震控制，而长周期 Sa 通常由远距离大震控制，所得结果与地震危险性一般规律一致，也验证了地震危险性分解程序的可靠性，本节生成的设定地震为后续的算例厂址条件均值谱生成提供了数据分析基础。

万年一遇下平均值设定地震　　表 2-2

地震动强度参数	$\overline{M}$	$\overline{R}$（km）	$\overline{\theta}$（°）
PGA	6.17	35.52	79.02
Sa(0.07s)	6.18	34.06	77.98
Sa(0.10s)	6.19	38.84	79.20
Sa(0.24s)	6.24	44.10	81.82
Sa(0.50s)	6.56	89.63	102.36
Sa(1.00s)	6.74	119.99	117.38
Sa(5.00s)	6.95	165.37	133.54

2.5 单变量地震重现期分析

2.5.1 单变量地震重现期

随机变量 X 的累积分布函数(CDF)可表示为：

$$F_X(x) = \Pr[X \leqslant x] \tag{2-26}$$

余累积分布函数(CCDF)可表示为：

$$F'_X(x) = 1 - F_X(x) \tag{2-27}$$

那么，随机变量 X 超越 x 事件的平均重现期可表示为[153]：

$$T_X = \frac{1}{F'_X(x)} = \frac{1}{1 - F_X(x)} \tag{2-28}$$

在地震工程领域，地震重现期通常指的是单变量重现期，即针对单个地震动强度参数的重现期。

地震动强度参数超越某强度水准的年平均发生率可表示为：

$$\lambda(Sa(T_j) > s_j) = \sum_{i=1}^{N} \nu_i \left\{ \int_m \int_r \int_\theta P\{Sa(T_j) > s_j \mid m, r, \theta\} \times f_{M,R,\theta}(m, r, \theta) \mathrm{d}m\mathrm{d}r\mathrm{d}\theta \right\}_i \tag{2-29}$$

假设地震发生服从 Possion 分布，地震动强度参数的 t 年超越概率进一步可表示为：

$$P[N \geqslant 1] = 1 - e^{-\lambda(s_j)\cdot t} \tag{2-30}$$

式中，N 为 $Sa(T_j) > s_j$ 的 t 年发生次数。

那么单变量地震平均重现期可表示为：

$$T_{SR} = \frac{1}{\lambda(s_j)} = -\frac{t}{\ln(1-P)} \tag{2-31}$$

式中，$\lambda(s_j)$为地震动强度参数超越 s_j 强度水准的年平均发生率；P 为地震动强度参数的 t 年超越概率。

由式(2-31)计算我国第五代地震动区划图中四级地震分别对应的平均重现期，结果见表 2-3，可知我国多遇地震、偶遇地震、罕遇地震和极罕遇地震的平均重现期分别为 50 年、475 年、2475 年和 10000 年。我国核电厂抗震设防地震的年超越概率为 0.0001，平均重现期为 10000 年。

我国第五代地震动区划图中四级地震对应的标量型地震重现期　表 2-3

	多遇地震	偶遇地震	罕遇地震	极罕遇地震
超越概率	63.2%/50 年	10%/50 年	2%/50 年	0.01%/1 年
地震重现期	50 年	475 年	2475 年	10000 年

2.5.2　华南地区某核电厂厂址单变量地震重现期分析

基于公式(2-31)，可以计算中国华南地区某核电厂厂址单变量地震重现期，计算结果如图 2-10 和图 2-11 所示。图 2-10 是指定强度参数的单变量地震重现期，图 2-11 是所有强度参数的单变量地震重现期。分析结果表明，地震动强度参数水准与标量型地震重现期呈正比例关系，即地震动强度参数水准越大，标量型地震重现期越长。

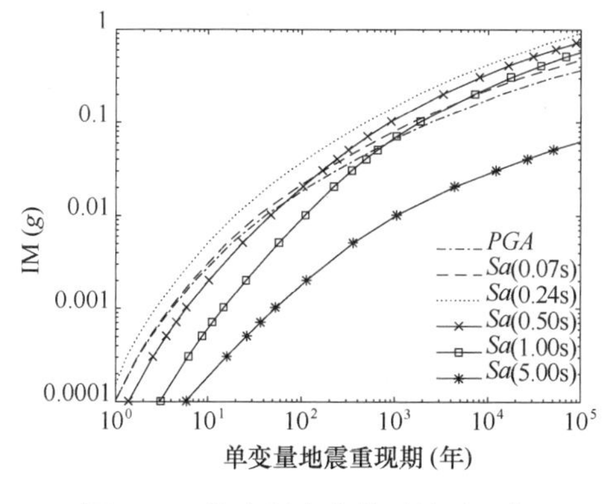

图 2-10　指定强度参数平均重现期

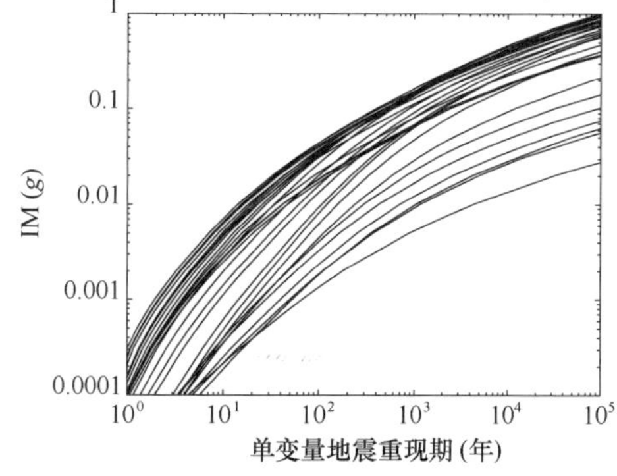

图 2-11　所有强度参数平均重现期

2.6 本章小节

由于中国地震活动性特点，国外地震危险性分析程序无法直接用于中国，并且中国目前常用的地震危险性分解程序无法得到用于后续生成条件均值谱的设定地震。为解决上述问题，本章首先总结了 Cornell-McGuire 方法和 *c*-PSHA 方法的基本理论，然后进一步分析了 *c*-PSHA 方法的理论特点。地震危险性分析既可运用积分法也可基于蒙特卡洛模拟的方法，本章选用基于蒙特卡洛模拟方法的地震危险性分析程序 EqHaz，基于 *c*-PSHA 方法的理论特点对该程序进行修改。对修改后程序的收敛性和精确性进一步验证，可发现 400 次模拟 50000 年数据对万年一遇地震动强度水平的收敛性和精确性较好。最后基于开发的程序，对我国华南地区某核电厂厂址地震危险性进行分析，基于不同的地震动预测方程，400 次模拟 50000 年数据得到结果对于万年一遇地震精度同样较好，得到了不同 IM 的地震危险性曲线，基于地震危险性分解程序，得到不同 IM 在万年一遇条件下地震危险性分解结果，可发现远距离大震对长周期 Sa 有控制作用，近距离小震对短周期 Sa 影响更大，这些结果也进一步验证了地震危险性分解程序的可靠性。最后，介绍了地震工程领域单变量地震重现期基本理论，并计算了我国第五代地震动区划图中四级地震相应单变量地震重现期大小。本章将为第 4 章标量型场地相关谱和第 6 章地震风险分析提供分析基础。

第3章 场地相关向量型与条件型概率地震危险性分析

3.1 引言

标量型概率地震危险性分析只能得到各个强度参数边缘地震危险性曲线，不能考虑地震动强度参数间相关性。基于上述研究背景，本章主要进行考虑强度参数间相关性的概率地震危险性分析研究，包括向量型概率地震危险性分析和条件型概率地震危险性分析。由于多变量组成的地震危险性计算十分复杂，本章中的向量型和条件型概率地震危险性分析仅仅针对双变量进行研究。向量型概率地震危险性分析可生成地震危险性曲面、等高线、某一指定强度地震动参数与另一地震动参数联合发生概率曲线；条件型概率地震危险性分析可生成条件地震危险性曲线。同时，在地震工程领域单变量地震重现期基础上，本章首次提出双变量地震重现期和条件地震重现期的概念，并对算例厂址进行分析。本章分析结果将为第4章向量型和条件型场地相关反应谱的生成提供分析基础。

3.2 向量型概率地震危险性分析

3.2.1 向量型概率地震危险性分析及分解方法和程序

1. 向量型概率地震危险性分析和分解基本原理

向量型概率地震危险性分析最初由Bazzuro等[23,25]提出，由于考虑了地震动强度参数(Ground Motion Intensity Measure，GMIM)间相关性，可生成不同GMIM联合地震危险性信息。由于更多变量组成的向量型概率地震危险性分析计算较为复杂，本章仅研究由双变量组成的向量型概率地震危险性分析。

向量型概率地震危险性分析(Vector Probabilistic Seismic Hazard Analysis，VPSHA)考虑了地震动强度参数间相关性，双变量类型VPSHA的平均发生率密度(Mean Rate Density，MRD)函数可表示为[23,25]：

$$MRD_{Sa_1,Sa_2}(x_1,x_2)=\sum_{i=1}^{N}\nu_i\left\{\iint f_{Sa_1,Sa_2}(x_1,x_2\mid m,r)f_{M,R}(m,r)\mathrm{d}m\mathrm{d}r\right\}_i \tag{3-1}$$

式中，$f_{Sa_1,Sa_2}(x_1,x_2\mid m,r)$ 为双变量地震动参数联合发生概率密度函数，假设地震动强度参数的对数服从二元正态分布，可表示为[23,25]：

$$f_{Sa_1,Sa_2}(x_1,x_2\mid m,r)=f_{Sa_1}(x_1\mid m,r)f_{Sa_2\mid Sa_1}(x_2\mid x_1,m,r) \tag{3-2}$$

地震动强度参数对数的条件发生概率也服从正态分布，可表示为[23,25]：

$$f_{Sa_2\mid Sa_1}(x_2\mid x_1,m,r)=\frac{1}{x_2\sigma_{\ln Sa_2\mid x_1,m,r}}\phi_{Sa_2}\left(\frac{\ln x_2-m_{\ln Sa_2\mid x_1,m,r}}{\sigma_{\ln Sa_2\mid x_1,m,r}}\right) \tag{3-3}$$

式中，$m_{\ln Sa_2\mid x_1,m,r}$ 和 $\sigma_{\ln Sa_2\mid x_1,m,r}$ 分别是条件地震动预测方程的中位值和标准差，可表示为[23,25]：

$$m_{\ln Sa_2\mid x_1,m,r}=m_{\ln Sa_2\mid m,r}+\rho_{1,2}\frac{\sigma_{\ln Sa_2\mid m,r}}{\sigma_{\ln Sa_1\mid m,r}}(\ln x_1-m_{\ln Sa_1\mid m,r}) \tag{3-4a}$$

$$\sigma_{\ln Sa_2\mid x_1,m,r}=\sigma_{\ln Sa_2\mid m,r}\sqrt{1-\rho_{1,2}^2} \tag{3-4b}$$

式中，$m_{\ln Sa_2\mid m,r}$ 和 $m_{\ln Sa_1\mid m,r}$ 分别是地震动参数 Sa_2 和 Sa_1 对数值的预测中位值；$\sigma_{\ln Sa_2\mid m,r}$ 和 $\sigma_{\ln Sa_1\mid m,r}$ 分别是地震动参数 Sa_2 和 Sa_1 对数值的预测标准差；$\rho_{1,2}$ 是地震动强度参数 Sa_2 和 Sa_1 间相关性系数。

双变量向量地震危险性平均发生率密度与标量地震危险性平均发生率密度关系可表示为[23,25]：

$$MRD_{Sa_1,Sa_2}(x_1,x_2)=\left(\iint f_{Sa_2\mid Sa_1,M,R}(x_2\mid x_1,m,r)f_{M,R}(m,r\mid x_1)\mathrm{d}m\mathrm{d}r\right)MRD_{Sa_1}(x_1) \tag{3-5}$$

双变量地震动强度参数联合超越的年平均发生率可表示为[23,25]：

$$\lambda_{Sa_1>x_1,Sa_2>x_2}=\int_{x_1}\int_{x_2}MRD_{Sa_1,Sa_2}(u_1,u_2)\mathrm{d}u_1\mathrm{d}u_2 \tag{3-6}$$

由上述双变量 VPSHA 公式可发现，VPSHA 在传统标量型 PSHA 基础上，进一步考虑了地震动参数间相关性信息。

单位区间平均发生率密度函数可表示为：

$$MRD_{Sa_1,Sa_2,x,y}(x_1,x_2)=\sum_{i=1}^{N}\nu_i\left\{\int_{r_{y-1}}^{r_y}\int_{m_{x-1}}^{m_x}f_{Sa_1,Sa_2}(x_1,x_2\mid m,r)f_{M,R}(m,r)\mathrm{d}m\mathrm{d}r\right\}_i \tag{3-7}$$

单位区间震级和单位区间距离条件下地震危险性，可表示为：

$$\lambda_{Sa_1>x_1,Sa_2>x_2,x,y}=\int_{x_1}\int_{x_2}MRD_{Sa_1,Sa_2,x,y}(u_1,u_2)\mathrm{d}u_1\mathrm{d}u_2 \tag{3-8}$$

在 VPSHA 原理基础上，参考标量型地震危险性分解公式，向量型概率地震危险性分解可表示为：

$$\begin{cases} P(m_x \geqslant m \geqslant m_{x-1} \mid Sa_1 > x_1, Sa_2 > x_2) = \sum_{y=1}^{y_N} \dfrac{\lambda_{Sa_1>x_1,Sa_2>x_2,x,y}}{\lambda_{Sa_1>x_1,Sa_2>x_2}} \\ P(r_y \geqslant r \geqslant r_{y-1} \mid Sa_1 > x_1, Sa_2 > x_2) = \sum_{x=1}^{x_N} \dfrac{\lambda_{Sa_1>x_1,Sa_2>x_2,x,y}}{\lambda_{Sa_1>x_1,Sa_2>x_2}} \end{cases} \tag{3-9}$$

式中，$\lambda_{Sa_1>x_1,Sa_2>x_2}$ 为整个区间震级和距离积分条件下向量地震危险性；$\lambda_{Sa_1>x_1,Sa_2>x_2,x,y}$ 为单位区间震级和距离积分条件下地震危险性。

基于地震危险性分解公式(3-9)，可进一步得到平均值设定地震为：

$$\begin{cases} \overline{M} = \sum_{x=1}^{x_N}\sum_{y=1}^{y_N} \dfrac{(m_{x-1}+m_x)}{2} \dfrac{\lambda_{Sa_1>x_1,Sa_2>x_2,x,y}}{\lambda_{Sa_1>x_1,Sa_2>x_2}} \\ \overline{R} = \sum_{x=1}^{x_N}\sum_{y=1}^{y_N} \dfrac{(r_{y-1}+r_y)}{2} \dfrac{\lambda_{Sa_1>x_1,Sa_2>x_2,x,y}}{\lambda_{Sa_1>x_1,Sa_2>x_2}} \end{cases} \tag{3-10}$$

2. 中国向量型概率地震危险性分析和分解基本原理

向量型概率地震危险性分析在标量型概率地震危险性分析理论基础上，考虑了地震动强度参数间相关性，所以中国向量概率地震危险性需要考虑标量型 *c*-PSHA 特点和中国场地地震动强度参数相关性模型。标量型 *c*-PSHA 特点已在第 2 章进行了分析。同时，已有学者[84]分析了中国场地地震动强度参数相关性模型，研究发现国际上具有代表性的 Baker 模型[82]同样适用于中国厂址，本书后续所用的地震动参数模型都运用 Baker 模型[82]。

对于中国向量型概率地震危险性分析(Chinese Vector Probabilistic Seismic Hazard Analysis，*c*-VPSHA)，平均发生率密度函数可表示为：

$$MRD_{Sa_1,Sa_2}(x_1,x_2)=\sum_{i=1}^{N}\nu_i\left\{\iiint f_{Sa_1,Sa_2}(x_1,x_2\mid m,r,\theta)f_{M,R,\Theta}(m,r,\theta)\mathrm{d}m\mathrm{d}r\mathrm{d}\theta\right\}_i \tag{3-11}$$

式中，$f_{Sa_1,Sa_2}(x_1,x_2 \mid m,r,\theta)$ 为双变量地震动参数联合发生概率密度函数，假设地震动参数的对数服从二元正态分布，可表示为：

$$f_{Sa_1,Sa_2}(x_1,x_2 \mid m,r,\theta)=f_{Sa_1}(x_1 \mid m,r,\theta)f_{Sa_2|Sa_1}(x_2 \mid x_1,m,r,\theta) \tag{3-12}$$

地震动参数对数的条件分布服从正态分布，条件发生概率密度函数可表示为：

$$f_{Sa_2|Sa_1}(x_2 \mid x_1, m, r, \theta) = \frac{1}{x_2 \sigma_{\ln Sa_2|x_1,m,r,\theta}} \phi_{Sa_2}\left(\frac{\ln x_2 - m_{\ln Sa_2|x_1,m,r,\theta}}{\sigma_{\ln Sa_2|x_1,m,r,\theta}}\right) \tag{3-13}$$

式中，$m_{\ln Sa_2|x_1,m,r,\theta}$ 和 $\sigma_{\ln Sa_2|x_1,m,r,\theta}$ 分别是地震动预测方程的中位值和标准差，可进一步表示为：

$$m_{\ln Sa_2|x_1,m,r,\theta} = m_{\ln Sa_2|m,r,\theta} + \rho_{1,2}\frac{\sigma_{\ln Sa_2|m,r,\theta}}{\sigma_{\ln Sa_1|m,r,\theta}}(\ln x_1 - m_{\ln Sa_1|m,r,\theta}) \tag{3-14a}$$

$$\sigma_{\ln Sa_2|x_1,m,r,\theta} = \sigma_{\ln Sa_2|m,r,\theta}\sqrt{1-\rho_{1,2}^2} \tag{3-14b}$$

式中，$m_{\ln Sa_2|m,r,\theta}$ 和 $m_{\ln Sa_1|m,r,\theta}$ 分别是地震动参数 Sa_2 和 Sa_1 对数值的预测中位值；$\sigma_{\ln Sa_2|m,r,\theta}$ 和 $\sigma_{\ln Sa_1|m,r,\theta}$ 分别是地震动参数 Sa_2 和 Sa_1 对数值的预测标准差；$\rho_{1,2}$ 是地震动强度参数 Sa_2 和 Sa_1 间相关性系数。

双变量向量地震危险性平均发生率密度与标量地震危险性平均发生率密度关系可表示为：

$$MRD_{Sa_1,Sa_2}(x_1, x_2) = \left(\iiint f_{Sa_2|Sa_1,M,R,\Theta}(x_2|x_1, m, r, \theta) f_{M,R,\Theta}(m, r, \theta|x_1)\,\mathrm{d}m\,\mathrm{d}r\,\mathrm{d}\theta\right) MRD_{Sa_1}(x_1) \tag{3-15}$$

地震动双变量联合超越的年平均发生率可表示为：

$$\lambda_{Sa_1>x_1,Sa_2>x_2} = \int_{x_1}\int_{x_2} MRD_{Sa_1,Sa_2}(u_1, u_2)\,\mathrm{d}u_1\,\mathrm{d}u_2 \tag{3-16}$$

单位区间平均发生率密度函数可表示为：

$$MRD_{Sa_1,Sa_2,x,y,z}(x_1, x_2) = \sum_{i=1}^{N} \nu_i \left\{\int_{\theta_{z-1}}^{\theta_z}\int_{r_{y-1}}^{r_y}\int_{m_{x-1}}^{m_x} f_{Sa_1,Sa_2}(x_1, x_2|m, r, \theta) f_{M,R,\Theta}(m, r, \theta)\,\mathrm{d}m\,\mathrm{d}r\,\mathrm{d}\theta\right\}_i \tag{3-17}$$

单位区间震级和单位区间距离下地震危险性，可表示为：

$$\lambda_{Sa_1>x_1,Sa_2>x_2,x,y,z} = \int_{x_1}\int_{x_2} MRD_{Sa_1,Sa_2,x,y,z}(u_1, u_2)\,\mathrm{d}u_1\,\mathrm{d}u_2 \tag{3-18}$$

在 *c*-VPSHA 原理基础上，参考标量型中国概率地震危险性分解公式，中国向量型概率地震危险性分解可表示为：

$$
\begin{cases}
P(m_x \geqslant m \geqslant m_{x-1} \mid Sa_1 > x_1, Sa_2 > x_2) = \sum_{z=1}^{z_N} \sum_{y=1}^{y_N} \dfrac{\lambda_{Sa_1>x_1, Sa_2>x_2, x, y, z}}{\lambda_{Sa_1>x_1, Sa_2>x_2}} \\
P(r_y \geqslant r \geqslant r_{y-1} \mid Sa_1 > x_1, Sa_2 > x_2) = \sum_{z=1}^{z_N} \sum_{x=1}^{x_N} \dfrac{\lambda_{Sa_1>x_1, Sa_2>x_2, x, y, z}}{\lambda_{Sa_1>x_1, Sa_2>x_2}} \\
P(\theta_z \geqslant \theta \geqslant \theta_{z-1} \mid Sa_1 > x_1, Sa_2 > x_2) = \sum_{x=1}^{x_N} \sum_{y=1}^{y_N} \dfrac{\lambda_{Sa_1>x_1, Sa_2>x_2, x, y, z}}{\lambda_{Sa_1>x_1, Sa_2>x_2}}
\end{cases}
\tag{3-19}
$$

式中，$\lambda_{Sa_1>x_1, Sa_2>x_2}$ 为向量地震危险性，运用全概率公式，对所有震级和距离范围进行了积分运算。$\lambda_{Sa_1>x_1, Sa_2>x_2, x, y, z}$ 为单位区间震级 m、单位区间距离 r 和单位区间方向角 θ 条件下的地震危险性。

中国向量型平均值设定地震可表示为：

$$
\begin{cases}
\overline{M} = \sum_{x=1}^{x_N} \sum_{y=1}^{y_N} \sum_{z=1}^{z_N} \dfrac{(m_{x-1} + m_x)}{2} \dfrac{\lambda_{s_j, x, y, z}}{\lambda_{s_j}} \\
\overline{R} = \sum_{x=1}^{x_N} \sum_{y=1}^{y_N} \sum_{z=1}^{z_N} \dfrac{(r_{y-1} + r_y)}{2} \dfrac{\lambda_{s_j, x, y, z}}{\lambda_{s_j}} \\
\overline{\Theta} = \sum_{x=1}^{x_N} \sum_{y=1}^{y_N} \sum_{z=1}^{z_N} \dfrac{(\theta_{z-1} + \theta_z)}{2} \dfrac{\lambda_{s_j, x, y, z}}{\lambda_{s_j}}
\end{cases}
\tag{3-20}
$$

3. 基于蒙特卡洛模拟的中国向量型概率地震危险性分析和分解程序

本节在第 2 章开发的标量型 c-PSHA 程序的基础上，考虑向量型概率地震危险性分析特点，开发了中国向量型概率地震危险性分析和分解程序，包括三个子程序，具体流程图如图 3-1 所示。

子程序Ⅰ与标量型地震危险性程序子程序Ⅰ完全相同，基于目标场地地震活动性，生成相应人工地震目录。子程序Ⅱ计算向量型地震危险性超越概率，在标量型地震危险性子程序Ⅱ基础上，需要写入地震动强度参数相关系数函数。同时，基于式(3-14a)和式(3-14b)，写入条件地震动预测方程。基于上述修改，计算子程序Ⅰ中生成的人工地震的两个强度参数水平大小，最后比较计算向量地震危险性超越概率。具体步骤为：1)首先基于二分法并考虑不确定性，计算子程序Ⅰ中生成的人工地震的预测地震动强度参数 Sa_1 的强度水平 x_1；2)将预测强度 x_1、强度参数 Sa_1 和 Sa_2 的相关性系数和 Sa_2 的地震动预测平均值和标准差代入条件预测方程，求出第一步中人工地震的条件预测强度参数 Sa_2 的强度大小 x_2；3)对所有子程序Ⅰ中生成的人工地震动

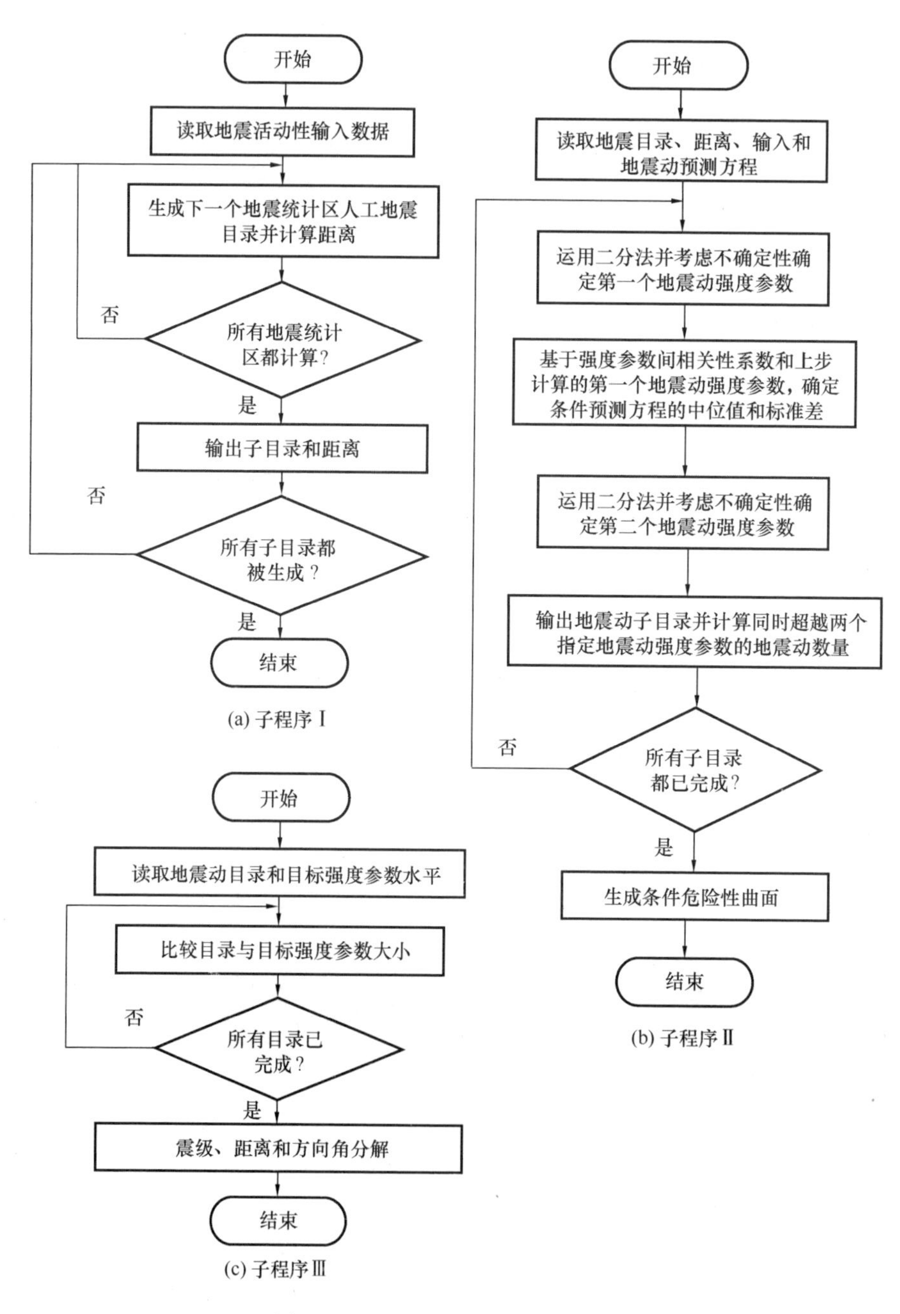

图 3-1　*c*-VPSHA 开发程序的流程

目录重复上述步骤1)和步骤2)过程，最后统计比较不同水平 x_1 和 x_2 的超越数量，计算向量型地震危险性超越概率。子程序Ⅲ为向量型地震危险性分解程序，需指定需要分解的向量强度参数的强度大小，然后经过大小比较，统计向量型地震危险性分解结果。

3.2.2 华南地区某核电厂厂址向量型概率地震危险性分析及分解

1. 向量型概率地震危险性收敛性分析

由于本书后面章节中目标安全壳结构的基本周期约为0.24s，所以本章主要对 *Sa*(0.24s)与其他强度参数的向量危险性感兴趣，下面主要对 *Sa*(0.24s)分别与 *Sa*(0.07s)、*Sa*(0.50s)、*Sa*(1.00s)和 *Sa*(5.00s)的双变量 *c*-VPSHA 进行分析。基于上节开发出的 *c*-VPSHA 程序，对第2章的中国华南地区某核电厂厂址进行分析。首先分析基于蒙特卡洛模拟的 *c*-VPSHA 程序的收敛性，与标量型PSHA类似，将正态分布近似为Possion分布，生成了2.5%分位值和97.5%分位值的统计区间，标准差同样可以由公式（2-24）表示。如果假设地震发生服从Possion分布，并且地震动参数强度水平的年超越概率取为λ，那么每个地震动强度水平的平均年超越概率可表示为 $1-e^{-\lambda}$，2.5%分位值限值可近似表示为 $1-e^{-(\lambda-2\sigma)}$，97.5%分位值限值可以近似表示为 $1-e^{-(\lambda+2\sigma)}$。

基于上述计算原理，可得到97.5%分位值和2.5%分位值的危险性曲面。对于 *Sa*（0.07s）和 *Sa*（0.24s）的向量危险性分析，50000年数据模拟4次分析结果见图3-2(a)，50000年数据模拟40次数据见图3-2(b)，50000年数据模拟400次数据见图3-2(c)，可发现：随着蒙特卡洛模拟次数不断增加，地震危险性分析收敛性越好，即地震危险性曲面97.5%分位值与2.5%分位值间距越小，定量来说，50000年数据模拟4次分析结果对于年超越概率0.001～0.01间地震动强度参数收敛性较好，50000年数据模拟40次分析结果对于年超越概率0.0001～0.001间地震动强度参数收敛性较好，50000年数据模拟400次分析结果对于年超越概率0.00001～0.0001间地震动强度参数收敛性较好。然后进一步将 *Sa*(0.24s)分别与其他强度参数组合成的双变量地震危险性进行分析，包括 *Sa*(0.24s)与 *Sa*(0.50s)、*Sa*(0.24s)与 *Sa*(1.00s)和 *Sa*(0.24s)与 *Sa*(5.00s)，分析结果可见图3-2(d)～3-2(f)，结论与 *Sa*(0.07s)和 *Sa*(0.24s)结果类似，50000年数据模拟400次分析结果对于年超越概率0.00001～0.0001间地震动强度参数收敛性较好。所以本章后续所得危险性分析结果是基于50000年数据模拟400次分析结果得到的。

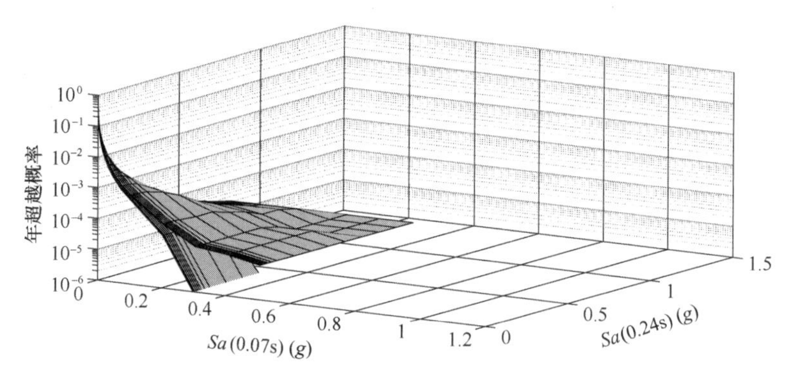

(a) Sa(0.07)和Sa(0.24s)向量危险性在50000年数据4次模拟结果

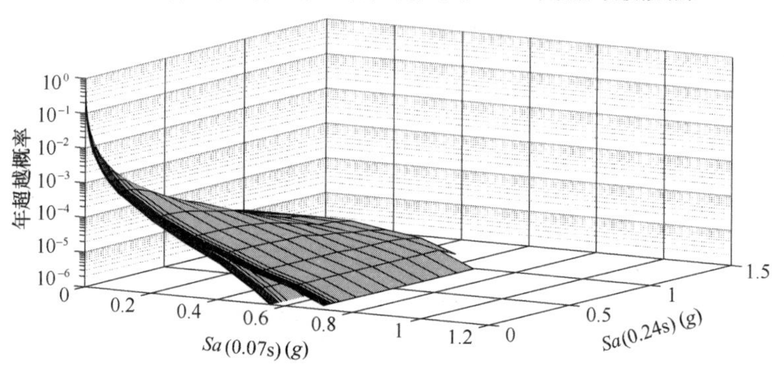

(b) Sa(0.07)和Sa(0.24s)向量危险性在50000年数据40次模拟结果

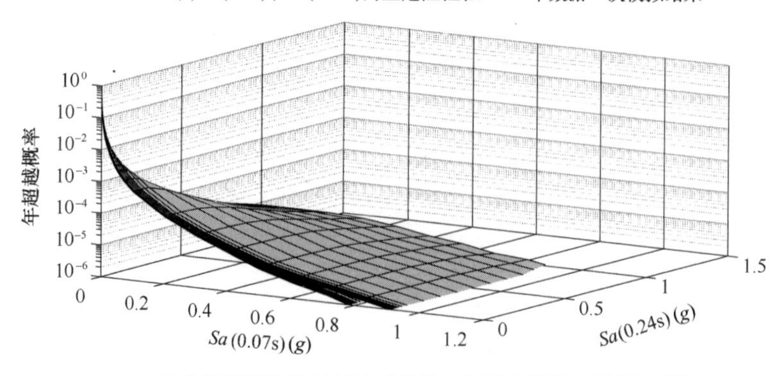

(c) Sa(0.07)和Sa(0.24s)向量危险性在50000年数据400次模拟结果

图 3-2　基于蒙特卡洛模拟向量型程序收敛性分析（一）

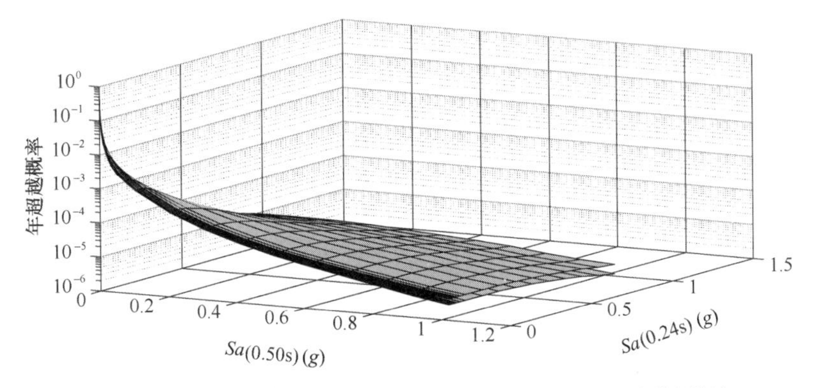

(d) *Sa*(0.50)和*Sa*(0.24s)向量危险性在50000年数据400次模拟结果

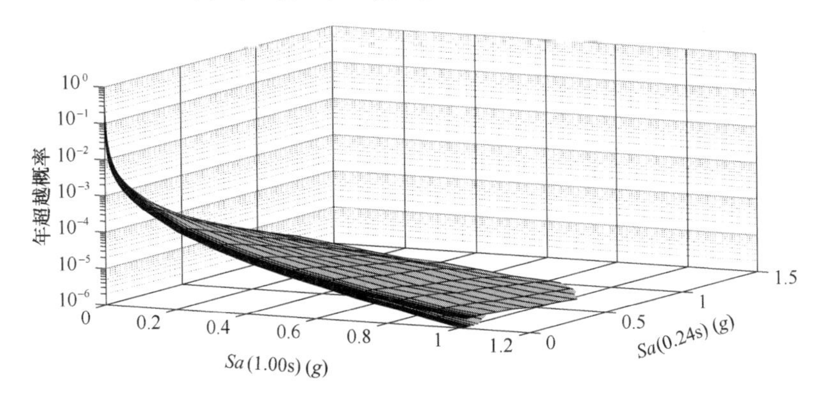

(e) *Sa*(1.00)和*Sa*(0.24s)向量危险性在50000年数据400次模拟结果

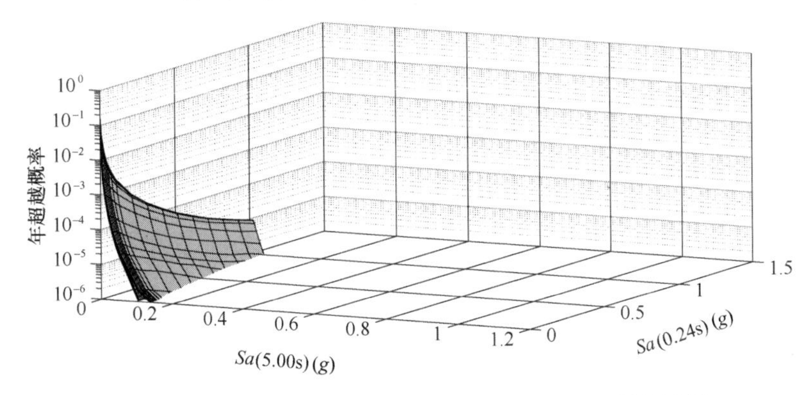

(f) *Sa*(5.00)和*Sa*(0.24s)向量危险性在50000年数据400次模拟结果

图 3-2　基于蒙特卡洛模拟向量型程序收敛性分析（二）

2. 向量型概率地震危险性曲面

基于开发的 *c*-VPSHA 程序，分别得到了 *Sa*(0.24s)与 *Sa*(0.07s)、*Sa*(0.24s)与 *Sa*(0.50s)、*Sa*(0.24s)与 *Sa*(1.00s)和 *Sa*(0.24s)与 *Sa*(5.00s)的危险性曲面，见图 3-3。可发现：*Sa*(0.24s)与不同地震动强度参数对应的危险性曲面不相同，*Sa*(0.24s)与短周期 *Sa*(0.07s)的危险性曲面更加陡峭，危险性水平较高，*Sa*(0.24s)与长周期 *Sa*(5.00s)的危险性曲面更加平缓，危险性水平较低。

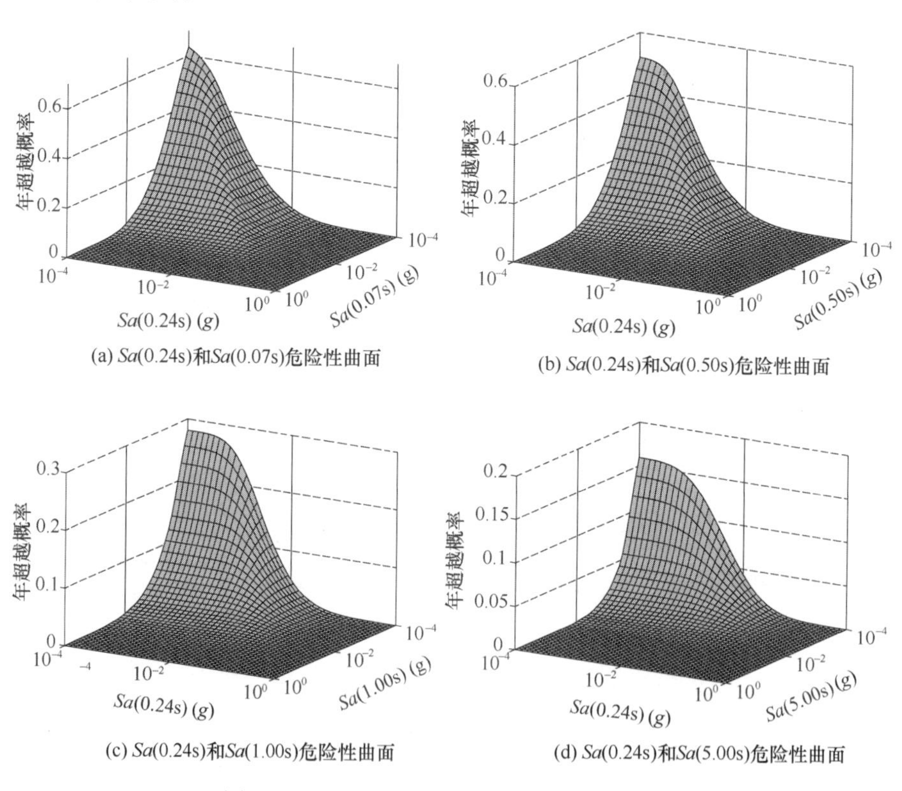

(a) *Sa*(0.24s)和*Sa*(0.07s)危险性曲面

(b) *Sa*(0.24s)和*Sa*(0.50s)危险性曲面

(c) *Sa*(0.24s)和*Sa*(1.00s)危险性曲面

(d) *Sa*(0.24s)和*Sa*(5.00s)危险性曲面

图 3-3 不同 IM 组合的向量地震危险性曲面

3. 向量型概率地震危险性曲线

基于生成的危险性曲面，可以固定某个强度参数的大小，进而得出某个指定水平的地震动强度参数和其他地震动强度参数的联合危险性曲线，这个过程相当于沿着危险性曲面竖向轴和水平面某个坐标轴组成的竖向面切一刀，得到相应曲线。由于本书对 *Sa*(0.24s)更加感兴趣，所以上述危险性曲线的横坐标都取为 *Sa*(0.24s)，而另外的强度参数 *Sa*(0.07s)、*Sa*(0.50s)、*Sa*(1.00s)和 *Sa*(5.00s)分别取 20gal、40gal、70gal 和 100gal(分别对应于

0.0204g、0.0408g、0.0714g 和 0.102g)，生成的向量型概率地震危险性曲线，如图 3-4 所示。

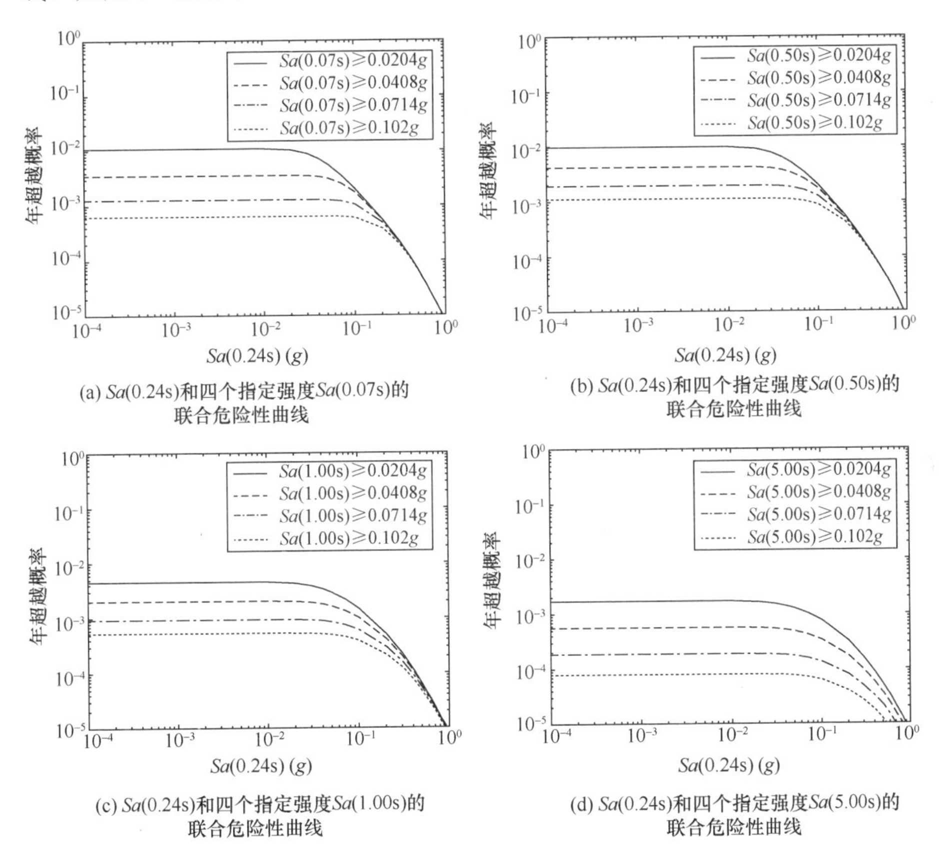

(a) Sa(0.24s)和四个指定强度Sa(0.07s)的联合危险性曲线

(b) Sa(0.24s)和四个指定强度Sa(0.50s)的联合危险性曲线

(c) Sa(0.24s)和四个指定强度Sa(1.00s)的联合危险性曲线

(d) Sa(0.24s)和四个指定强度Sa(5.00s)的联合危险性曲线

图 3-4　不同 IM 组合的向量地震危险性曲线

分析结果表明：生成的向量型概率地震危险性曲线在 Sa(0.24s)取值较小时保持为水平直线，然后达到某一量值后，类似于标量型地震危险性曲线，向下迅速衰减。同时可发现：对于指定强度参数的不同取值，向量型概率地震危险性曲线在 Sa(0.24s)取值较小时的超越概率不同，但最后随着 Sa(0.24s)取值变大，所有曲线将重合在一起；并且距离 0.24s 周期值较近的短周期 Sa(0.07s)和 Sa(0.50s)重合速度更快，距离 0.24s 周期值较远的长周期 Sa(1.00s)和 Sa(5.00s)重合速度变慢，周期距离越远且周期越长重合速度越慢。

4. 地震危险性曲面等高线

基于生成的危险性曲面，可以进一步得到危险性曲面的等高线。危险性曲面的等高线，相当于在危险性曲面上，沿着不同超越概率水平面切一刀，得到不同超越概率的等高线。Sa(0.24s)分别与 Sa(0.07s)、Sa(0.50s)、Sa(1.00s)和 Sa(5.00s)的等高线结果见图 3-5。可发现：不同强度参数间的等高线不同，与标量型地震危险性水平和地震动强度相关系数有关；标量型概率地震危险性分析得到的对应某个超越概率的地震动强度值，它们联合发生的概率小于标量型地震危险性分析得到的超越概率。所以，标量型概率地震危险性分析得到的结果偏于保守。

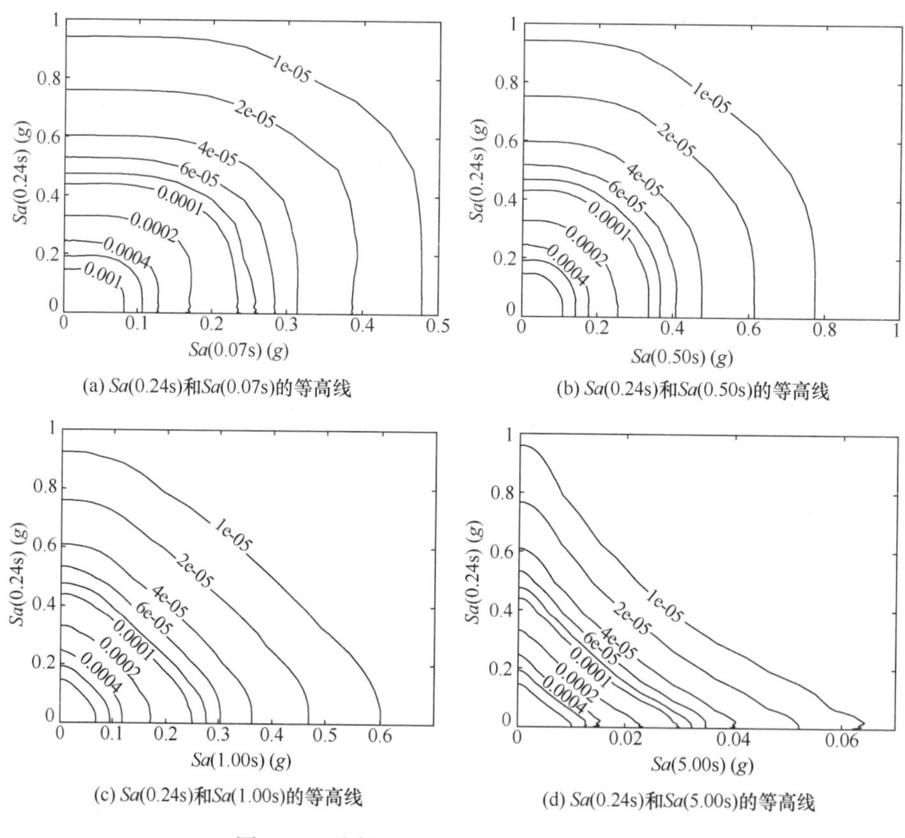

(a) Sa(0.24s)和Sa(0.07s)的等高线

(b) Sa(0.24s)和Sa(0.50s)的等高线

(c) Sa(0.24s)和Sa(1.00s)的等高线

(d) Sa(0.24s)和Sa(5.00s)的等高线

图 3-5　不同 IM 组合的地震危险性等高线

5. 向量型地震危险性分解

基于开发的概率地震危险性分解程序，可以得到地震危险性分解结果。与标量型地震危险性分解不同，对应于某一超越概率的地震动强度参数的地震危险性分解不唯一。观察上节得到的地震危险性曲面等高线可发现，同一危险性曲面对应的向量参数强度值不是唯一的，所以对于向量型地震危险性的分解要首先分别确定向量强度参数的大小，然后对确定后的向量强度参数进行地震危险性分解。本书第 4 章广义条件均值谱的生成，需要向量型地震危险性分解结果，本节分别对两个强度目标进行分解：1）取标量型 0.0001 年超越概率对应的地震动强度参数水平；2）地震动强度的向量型超越概率取 0.0001，且两个地震动强度的标量型超越概率相同。

本节分别对 *Sa*(0.24s)与 *Sa*(0.07s)、*Sa*(0.24s)与 *Sa*(0.50s)、*Sa*(0.24s)与 *Sa*(1.00s)和 *Sa*(0.24s)与 *Sa*(5.00s)向量危险性进行分解，分解结果见图 3-6 和图 3-7 所示。可发现：虽然向量危险性一致，等高线上不同的地震强度取值，分解结果通常并不相同；一个强度参数固定选为 *Sa*(0.24s)，随着另外一个谱加速度周期变长，向量地震危险性曲面通常受远距离大震控制，这与标量型地震危险性分解结果类似；*Sa*(0.24s)和 *Sa*(0.07s)向量危险性与 *Sa*(0.24s)和 *Sa*(0.50s)向量危险性主要由震级范围 6～6.5 和距离范围 20～50km 控制，*Sa*(0.24s)和 *Sa*(1.00s)向量危险性与 *Sa*(0.24s)和 *Sa*(5.00s)向量危险性主要由震级范围 6～6.5 和距离范围 20～

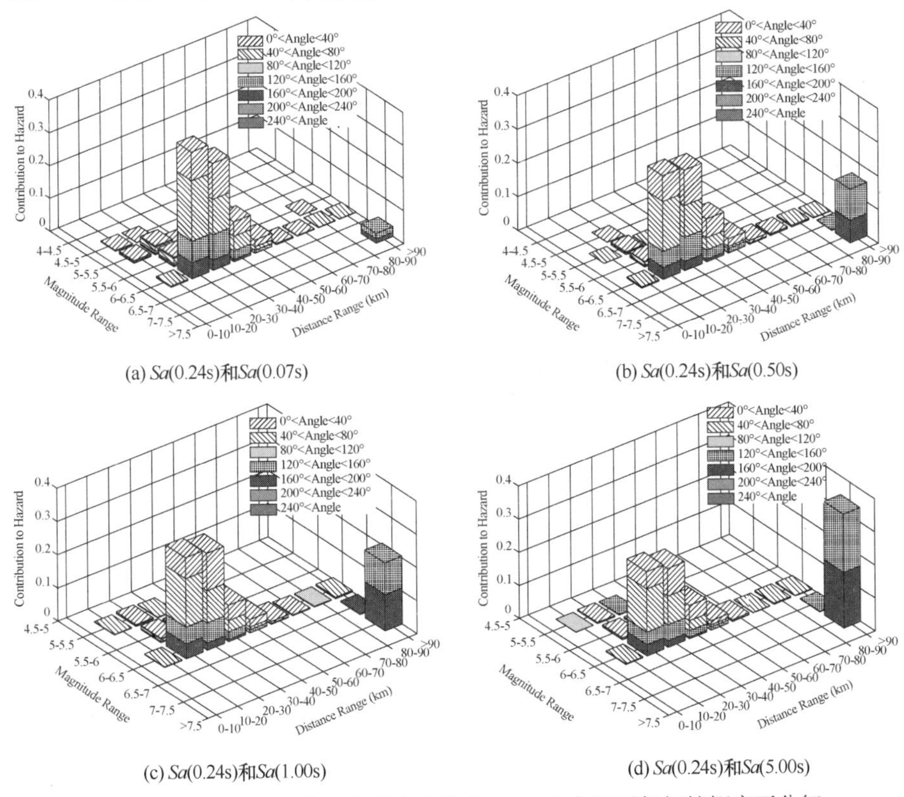

(a) *Sa*(0.24s)和*Sa*(0.07s)　　(b) *Sa*(0.24s)和*Sa*(0.50s)

(c) *Sa*(0.24s)和*Sa*(1.00s)　　(d) *Sa*(0.24s)和*Sa*(5.00s)

图 3-6　不同强度参数组合强度参数在 0.0001 向量型年超越概率下分解

50km 地震和震级范围 7～7.5 和距离范围大于 90km 地震共同控制。

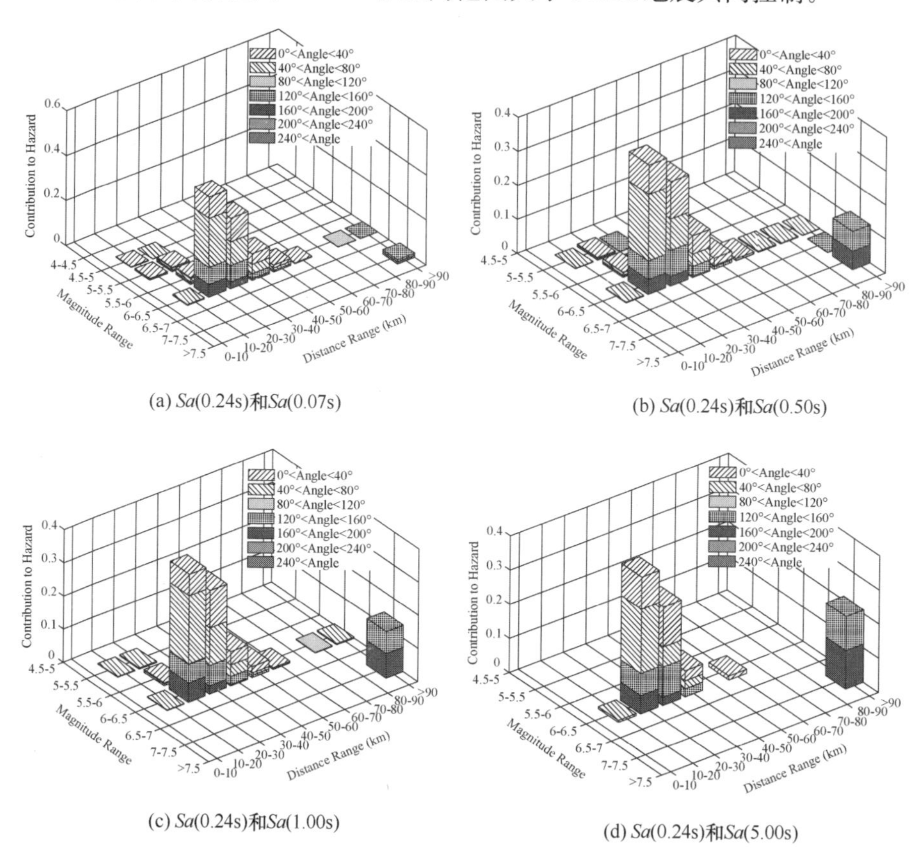

(a) *Sa*(0.24s)和*Sa*(0.07s)

(b) *Sa*(0.24s)和*Sa*(0.50s)

(c) *Sa*(0.24s)和*Sa*(1.00s)

(d) *Sa*(0.24s)和*Sa*(5.00s)

图 3-7　不同强度参数组合强度参数在 0.0001 标量型年超越概率下分解

3.3　条件型概率地震危险性分析

3.3.1　条件型概率地震危险性分析方法和程序

1. 条件型概率地震危险性分析方法

Iervolino 等[24]人运用条件型概率地震危险性分析方法计算了主要地震动强度参数条件下次要地震动强度参数的预测强度水平。本节参考其条件型危险性研究思路，进行了条件型概率地震危险性分析研究。由于更多变量组成的条件型概率地震危险性分析计算较为复杂，本章仅针对由双变量组成的条件型概率地震危险性分析进行研究，即一个主要强度参数构成的条件强度参数和一个次要强度参数组成的条件预测。

当条件型概率地震危险分析只包含一个主强度参数和一个次强度参数时，条件型概率地震危险性分析中的条件概率密度函数可表示为：

$$f_{Sa_2 \mid Sa_1}(x_2 \mid x_1) = \iint f_{Sa_2 \mid Sa_1}(x_2 \mid x_1, m, r) f_{M,R \mid Sa_1}(m, r \mid x_1) \mathrm{d}m\mathrm{d}r \tag{3-21}$$

式中，$f_{M,R|Sa_1}(m,r \mid ,x_1)$ 是给定 x_1 条件下的 m 和 r 联合概率密度函数，通常可由标量型地震危险性分解得到；$f_{Sa_2|Sa_1}(x_2 \mid x_1, m, r)$ 为地震动强度参数条件发生概率密度函数，可表示为：

$$f_{Sa_2|Sa_1}(x_2 \mid x_1, m, r) = \frac{1}{x_2 \sigma_{\ln Sa_2} \mid x_1, m, r} \phi_{Sa_2}\left(\frac{\ln x_2 - m_{\ln Sa_2|x_1,m,r}}{\sigma_{\ln Sa_2|x_1,m,r}}\right) \tag{3-22}$$

式中，$m_{\ln Sa_2|x_1,m,r}$ 和 $\sigma_{\ln Sa_2|x_1,m,r}$ 分别是地震动预测方程的中位值和标准差，可进一步表示为：

$$m_{\ln Sa_2|x_1,m,r} = m_{\ln Sa_2|m,r} + \rho_{1,2} \frac{\sigma_{\ln Sa_2|m,r}}{\sigma_{\ln Sa_1|m,r}}(\ln x_1 - m_{\ln Sa_1|m,r}) \tag{3-23a}$$

$$\sigma_{\ln Sa_2|x_1,m,r} = \sigma_{\ln Sa_2|m,r}\sqrt{1-\rho_{1,2}^2} \tag{3-23b}$$

地震动强度参数的条件超越概率可表示为：

$$P(Sa_2 > x_2 \mid Sa_1) = \int_{x_2} f_{Sa_2|Sa_1}(u_2)\mathrm{d}u_2 \tag{3-24}$$

条件概率密度函数也可以由向量型概率密度函数和标量型概率密度函数计算得到：

$$f(Sa_2 \mid Sa_1) = \frac{MRD_{Sa_1,Sa_2}(x_1, x_2)}{MRD_{Sa_1}(x_1)} \tag{3-25}$$

式中，$MRD_{Sa_1,Sa_2}(x_1,x_2)$ 为地震动强度参数向量平均发生率密度函数；$MRD_{Sa_1}(x_1)$ 为地震动强度标量型平均发生率密度函数。

地震动强度参数条件超越概率可表示为：

$$P(Sa_2 > x_2 \mid Sa_1 > x_1) = \frac{\int_{x_1}\int_{x_2} MRD_{Sa_1,Sa_2}(u_1, u_2)\mathrm{d}u_1\mathrm{d}u_2}{\int_{x_1} MRD_{Sa_1}(u_1)\mathrm{d}u_1} \tag{3-26}$$

由式（3-26）可知，条件概率危险性可由标量型地震危险性分析和向量型地震危险性分析间接得到。

2. 中国条件型概率地震危险性分析方法

c-CPSHA 可参考 *c*-VPSHA，考虑了 *c*-PSHA 特点和中国厂址强度参数

相关性系数，条件型概率地震危险性分析方法的概率密度函数可表示为：

$$f_{Sa_2|Sa_1}(x_2 \mid x_1) = \iiint f_{Sa_2|Sa_1}(x_2 \mid x_1, m, r, \theta) f_{M,R,\Theta}(m, r, \theta \mid , x_1) \mathrm{d}m\mathrm{d}r\mathrm{d}\theta \tag{3-27}$$

式中，$f_{M,R,\Theta}(m,r,\theta \mid ,x_1)$ 是给定 x_1 条件下的 m、r 和 θ 联合概率密度函数，通常可由标量型地震危险性分解得到；$f_{Sa_2|Sa_1}(x_2 \mid x_1, m, r, \theta)$ 为地震动强度参数条件发生概率密度函数，可表示为：

$$f_{Sa_2|Sa_1}(x_2 \mid x_1, m, r, \theta) = \frac{1}{x_2 \sigma_{\ln Sa_2} \mid x_1, m, r, \theta} \phi_{Sa_2}\left(\frac{\ln x_2 - m_{\ln Sa_2|x_1,m,r,\theta}}{\sigma_{\ln Sa_2|x_1,m,r,\theta}}\right) \tag{3-28}$$

式中，$m_{\ln Sa_2|x_1,m,r,\theta}$ 和 $\sigma_{\ln Sa_2|x_1,m,r,\theta}$ 分别是地震动预测方程的中位值和标准差，可进一步表示为：

$$m_{\ln Sa_2|x_1,m,r,\theta} = m_{\ln Sa_2|m,r,\theta} + \rho_{1,2} \frac{\sigma_{\ln Sa_2|m,r,\theta}}{\sigma_{\ln Sa_1|m,r,\theta}} (\ln x_1 - m_{\ln Sa_1|m,r,\theta}) \tag{3-29a}$$

$$\sigma_{\ln Sa_2|x_1,m,r,\theta} = \sigma_{\ln Sa_2|m,r,\theta} \sqrt{1 - \rho_{1,2}^2} \tag{3-29b}$$

综合上述公式，中国条件型概率地震危险性分析的条件超越概率可表示为：

$$P(Sa_2 > x_2 \mid Sa_1) = \int_{x_2} f_{Sa_2|Sa_1}(u_2) \mathrm{d}u_2 \tag{3-30}$$

中国条件型概率地震危险性也可由中国标量型地震危险性分析和中国向量型地震危险性分析间接得到。

3. 基于蒙特卡洛模拟的中国条件型概率地震危险性分析程序

本节在第 2 章开发的标量型和第 3 章开发的向量型 *c*-PSHA 程序的基础上，考虑条件型概率地震危险性分析特点，开发了基于蒙特卡洛模拟的中国条件型概率地震危险性分析程序，具体分析步骤见图 3-8。

子程序Ⅰ与标量型和向量型地震危险性程序子程序Ⅰ完全相同，基于目标场地地震活动性，生成相应人工地震目录。

子程序Ⅱ同时生成标量型地震危险性分析和向量型地震危险性分析结果，然后将向量型地震危险性结果与标量型地震危险性结果相除，可得条件危险性分析结果。具体步骤为：1）首先基于二分法并考虑不确定性，计算子程序Ⅰ中生成的人工地震的预测地震动强度参数 Sa_1 的强度水平 x_1，Sa_1 为条件危险性分析中的条件强度参数；2）将预测强度 x_1、强度参数 Sa_1 和 Sa_2 的相关性系数和 Sa_2 的地震动预测平均值和标准差代入条件预测方程，求出第一步中人工地震的条件预测强度参数 Sa_2 的强度大小 x_2，Sa_2 为以

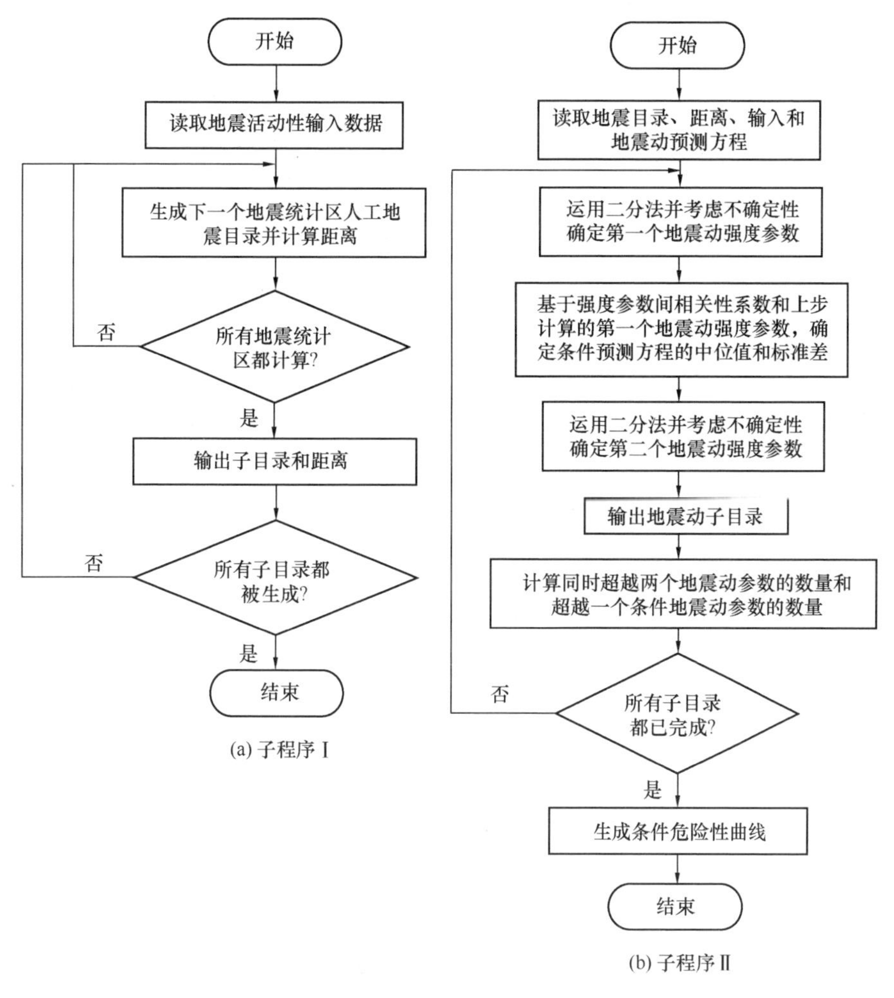

(a) 子程序Ⅰ

(b) 子程序Ⅱ

图 3-8 c-CPSHA 开发程序的流程

Sa_1为条件强度参数的预测强度参数；3）对所有子程序Ⅰ中生成的人工地震动目录重复上述步骤1）和步骤2）过程，统计比较强度参数Sa_1和Sa_2同时超越不同组合水平x_1和x_2的数量和强度参数Sa_1超越不同水平x_1的数量，计算标量型和向量型地震危险性超越概率；4）将向量型结果与标量型结果相除得到条件型危险性分析结果。

由于后续章节不需要条件概率分解结果，所以本章并未进行条件概率分解计算，但对于相同的地震动强度参数水准，比较条件型概率地震危险性分析和向量型概率地震危险性分析理论可发现，条件地震危险性分解和向量地震危险性分解结果其实是一致的。

3.3.2 华南地区某核电厂厂址条件型概率地震危险性分析

对于中国华南地区某核电厂算例厂址，基于开发的 *c*-CPSHA 程序，可生成算例厂址的条件概率地震危险性曲线。本节条件型危险性分析与向量型危险性分析选取的地震动强度参数一致，选取 *Sa*(0.24s)为主地震动强度参数，选取其他有代表性的谱加速度值为次要预测强度参数，那么 *Sa*(0.07s)、*Sa*(0.50s)、*Sa*(1.00s)和 *Sa*(5.00s)在 *Sa*(0.24s)不同条件值下的条件地震危险性曲线如图 3-9 所示，*Sa*(0.24s)的条件值分别取为 100gal、200gal、300gal 和 414.14gal（分别对应 0.102g、0.2041g、0.3061g 和 0.4226g），其中 414.14gal 为 *Sa*(0.24s)相应的万年一遇超越概率水准的地震强度参数值。*Sa*(0.24s)的条件值分别取为 100gal、200gal、300gal 和 414.14gal(分别对应 0.102g、0.2041g、0.3061g 和 0.4226g)条件下的所有地震动强度参数值的条件地震危险性曲线如图 3-10 所示。基于生成的算例

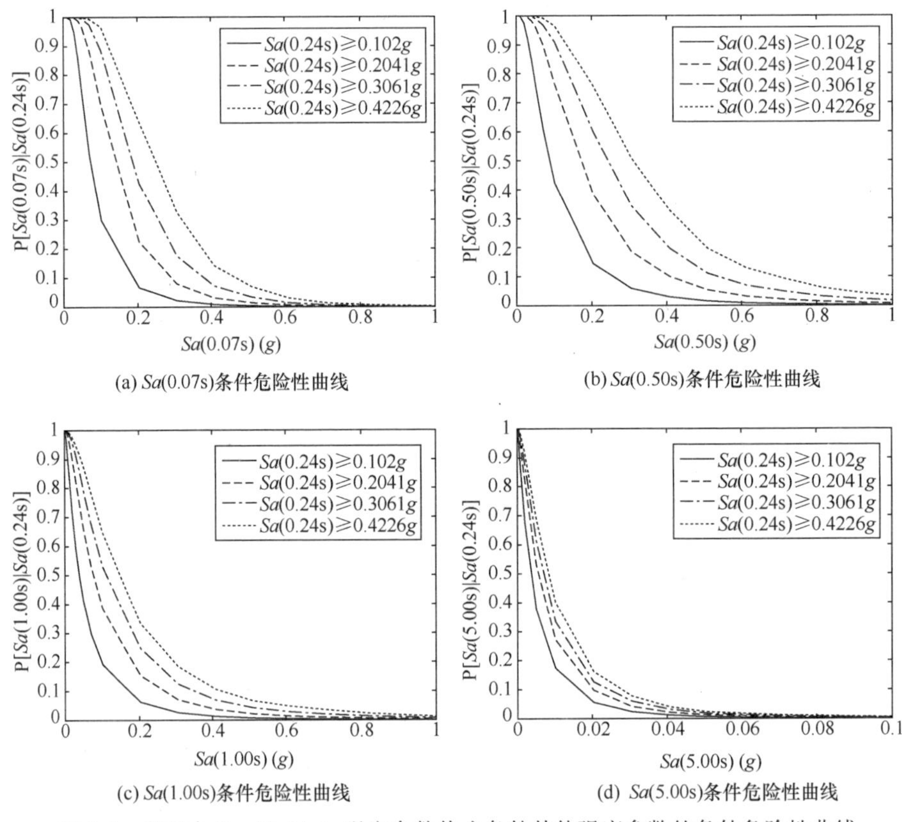

(a) *Sa*(0.07s)条件危险性曲线　(b) *Sa*(0.50s)条件危险性曲线

(c) *Sa*(1.00s)条件危险性曲线　(d) *Sa*(5.00s)条件危险性曲线

图 3-9　以四个 *Sa*（0.24s）强度参数值为条件其他强度参数的条件危险性曲线

厂址条件地震危险性曲线结果，可总结出以下规律：次要强度参数 Sa 所取周期值离 0.24s 越远，曲线间距越小，反之越大；主强度参数 Sa(0.24s)取值越大，条件地震危险性曲线族范围越宽，主强度参数 Sa(0.24s)取值越小，条件地震危险性曲线族范围越窄。

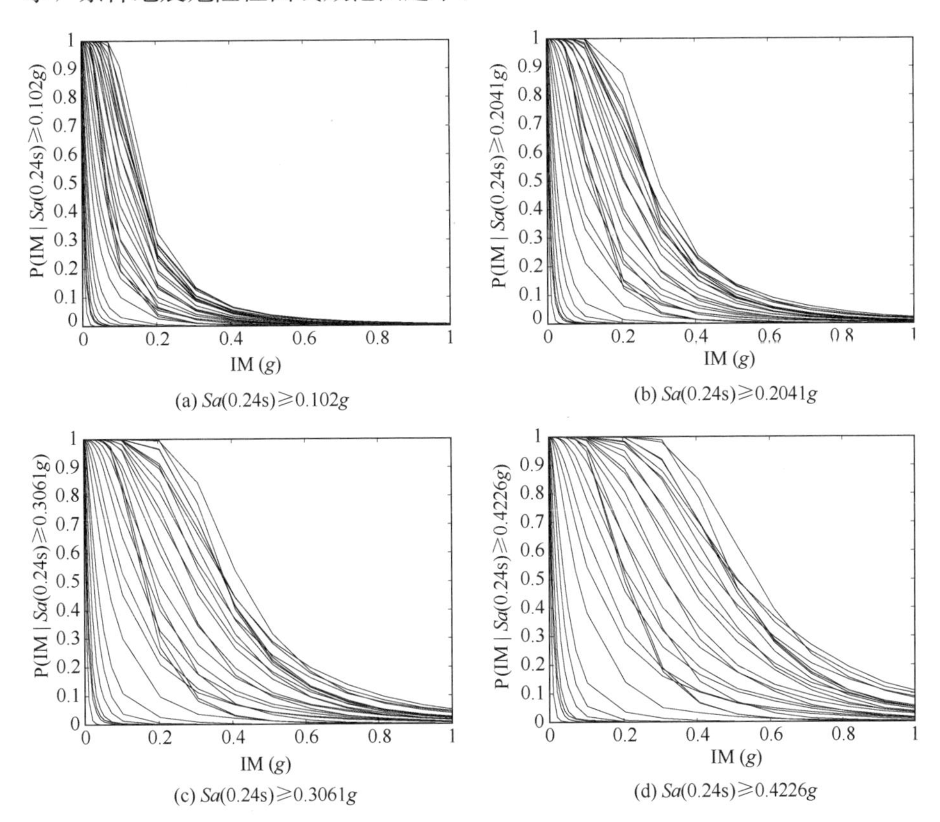

(a) Sa(0.24s)≥0.102g　(b) Sa(0.24s)≥0.2041g　(c) Sa(0.24s)≥0.3061g　(d) Sa(0.24s)≥0.4226g

图 3-10　以指定 Sa(0.24s)强度参数值为条件其他所有强度参数的条件危险性曲线

3.4　双变量地震重现期分析

3.4.1　双变量地震重现期

随机变量 X 和 Y 的累积分布函数可表示为：

$$F_X(x) = \Pr[X \leqslant x] \tag{3-31}$$

$$F_Y(y) = \Pr[Y \leqslant y] \tag{3-32}$$

随机变量 X 和 Y 联合累积分布函数可表示为：

$$F(x,y) = \Pr[X \leqslant x, Y \leqslant y] \tag{3-33}$$

事件 "$X \geqslant x$ or $Y \geqslant y$" 的重现期可表示为[153-154]：

$$T(x,y) = \frac{1}{1-F(x,y)} \tag{3-34}$$

随机变量 X 和 Y 同时超越 x 和 y（事件 "$X \geqslant x$ and $Y \geqslant y$"）的概率函数可表示为[153-154]：

$$F'(x,y) = 1 + F(x,y) - F_X(x) - F_Y(y) \tag{3-35}$$

那么，随机变量 X 和 Y 同时超越 x 和 y（事件 "$X \geqslant x$ and $Y \geqslant y$"）的平均重现期可表示为[153-154]：

$$T'(x,y) = \frac{1}{F'(x,y)} = \frac{1}{1+F(x,y)-F_X(x)-F_Y(y)} \tag{3-36}$$

式(3-36)经进一步转化，可表示为[153-154]：

$$T'(x,y) = \frac{1}{\dfrac{1}{T_X} + \dfrac{1}{T_Y} - \dfrac{1}{T(x,y)}} \tag{3-37}$$

式中，$T'(x,y)$ 是事件 "$X \geqslant x$ and $Y \geqslant y$" 的重现期；T_X 是事件 "$X \geqslant x$" 的重现期；T_Y 是事件 "$Y \geqslant y$" 的重现期；$T(x,y)$ 是事件 "$X \geqslant x$ or $Y \geqslant y$" 的重现期。

那么事件 "$X \geqslant x$ and $Y \geqslant y$" 的重现期与事件 "$X \geqslant x$" 的重现期和事件 "$Y \geqslant y$" 的重现期间关系可表示为[153,154]：

$$T'(x,y) \geqslant \max(T_X, T_Y) \tag{3-38}$$

地震工程领域的地震平均重现期指的是单变量地震重现期，可由标量型概率地震危险性分析得到。单变量地震重现期不能直接描述向量概率地震危险性分析结果，为了用重现期概念表示向量地震危险性，本书作者首次提出了多变量（本章仅针对双变量）地震平均重现期概念。在水文等其他工程领域，多变量重现期已被引入并运用[153,154]。

向量地震危险性的平均发生率密度可表示为：

$$MRD_{Sa_1,Sa_2}(x_1,x_2) = \sum_{i=1}^{N} \nu_i \left\{ \iiint f_{Sa_1,Sa_2}(x_1,x_2 \mid m,r,\theta) f_{M,R,\Theta}(m,r,\theta) \mathrm{d}m\mathrm{d}r\mathrm{d}\theta \right\}_i \tag{3-39}$$

向量概率地震危险性可进一步表示为：

$$\lambda_{Sa_1>x_1,Sa_2>x_2}=\int_{x_1}\int_{x_2}MRD_{Sa_1,Sa_2}(u_1,u_2)\mathrm{d}u_1\mathrm{d}u_2 \tag{3-40}$$

双变量地震重现期可表示为：

$$T_{\mathrm{VR}}=\frac{1}{\lambda_{Sa_1>x_1,Sa_2>x_2}} \tag{3-41}$$

本书首次提出了双变量地震重现期概念，该概念目前还没有一个得到广泛认可的统一定义。基于现有单变量地震重现期概念和定义方式，本书作者给出地震工程领域双变量地震重现期概念的定义：两个地震动强度参数同时超越事件的重现期，即事件"$X\geqslant x$ and $Y\geqslant y$"的重现期。那么，双变量地震重现期和单变量地震重现期间关系可表示为：

$$T_{\mathrm{VR}}(x,y)=\frac{1}{\dfrac{1}{T_{\mathrm{SR}}(x)}+\dfrac{1}{T_{\mathrm{SR}}(y)}-\dfrac{1}{T(x,y)}} \tag{3-42}$$

式中，$T_{\mathrm{VR}}(x,y)$ 是地震工程领域的双变量地震重现期；$T_{\mathrm{SR}}(x)$ 和 $T_{\mathrm{SR}}(y)$ 分别是两个强度参数单变量地震重现期；$T(x,y)$ 是"$X\geqslant x$ or $Y\geqslant y$"的重现期（随机变量 X 和 Y 可表示为地震动强度参数 $Sa(T_1)$ 和 $Sa(T_2)$）；$T_{\mathrm{VR}}(x,y)$、$T(x,y)$ 与 $T_{\mathrm{SR}}(x)$ 和 $T_{\mathrm{SR}}(y)$ 的关系可分别表示为：

$$T_{\mathrm{VR}}(x,y)\geqslant\max(T_{\mathrm{SR}}(x),T_{\mathrm{SR}}(y)) \tag{3-43}$$

$$T(x,y)\leqslant\min(T_{\mathrm{SR}}(x),T_{\mathrm{SR}}(y)) \tag{3-44}$$

通过式（3-43）可发现，地震工程领域的双变量地震重现期 $T_{\mathrm{VR}}(x,y)$ 大于等于（或不小于）两个强度参数单变量地震重现期中较大值。

3.4.2 华南地区某核电厂厂址双变量地震重现期分析

基于式（3-41），计算中国华南地区某核电厂厂址双变量联合地震重现期，计算结果见图 3-11。分析结果表明：同一双变量联合地震重现期，地震动参数有非常多的组合，并不唯一。

同时，可以得到联合重现期等高线，$Sa(0.24\mathrm{s})$分别与 $Sa(0.50\mathrm{s})$、$Sa(1.00\mathrm{s})$的等高线分析结果见图 3-12。分析结果表明：同一双变量联合地震重现期，地震动参数有非常多的组合，并不唯一；两个地震动参数的单变量地震动重现期小于双变量联合重现期，所以标量型地震危险性分析结果通常较保守。算例分析结果与式（3-43）表示的双变量地震重现期与单变量地震重现期间关系趋势一致。

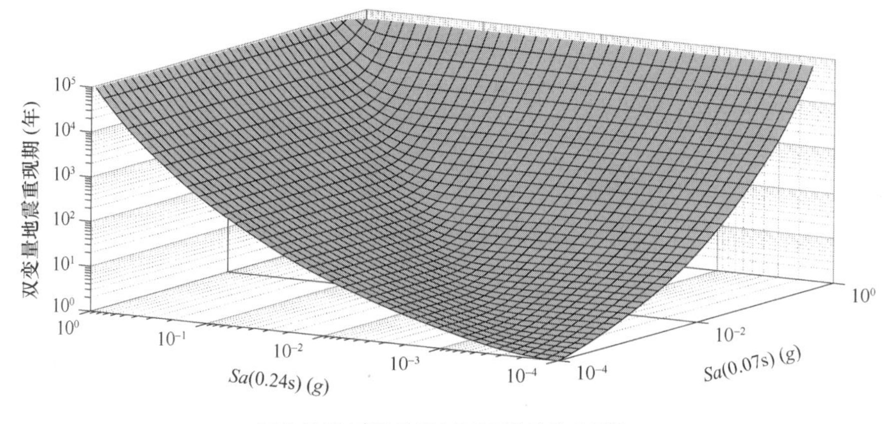

(a) Sa(0.24s)和Sa(0.07s)向量平均地震重现期

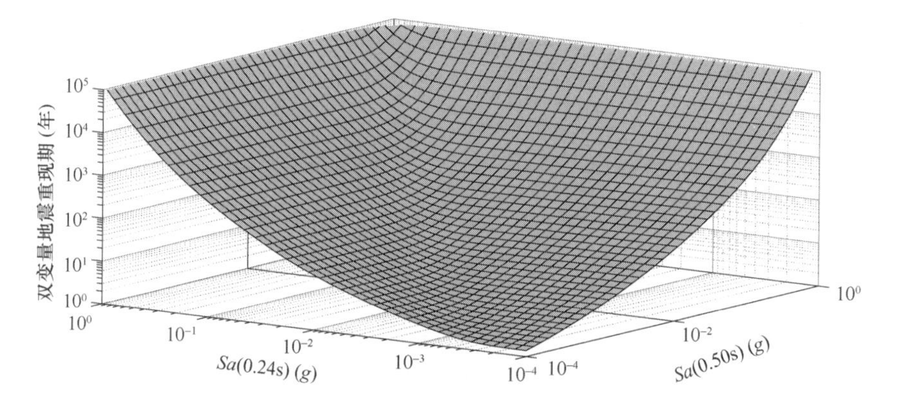

(b) Sa(0.24s)和Sa(0.50s)向量平均地震重现期

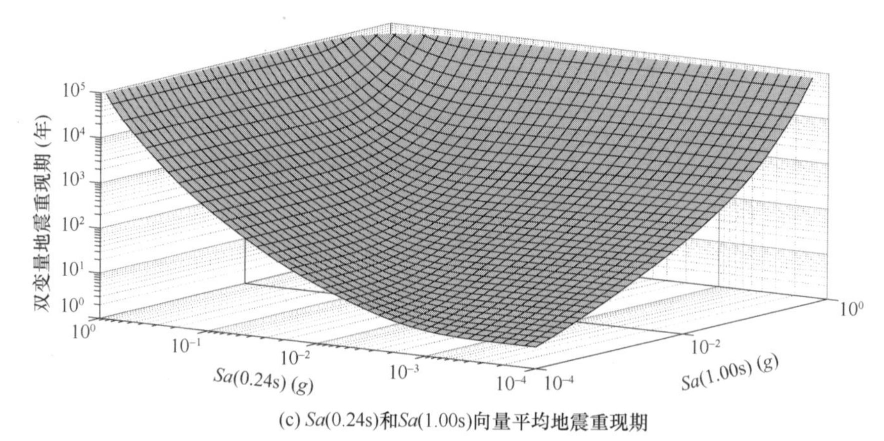

(c) Sa(0.24s)和Sa(1.00s)向量平均地震重现期

图 3-11　不同强度参数组合的向量平均地震重现期

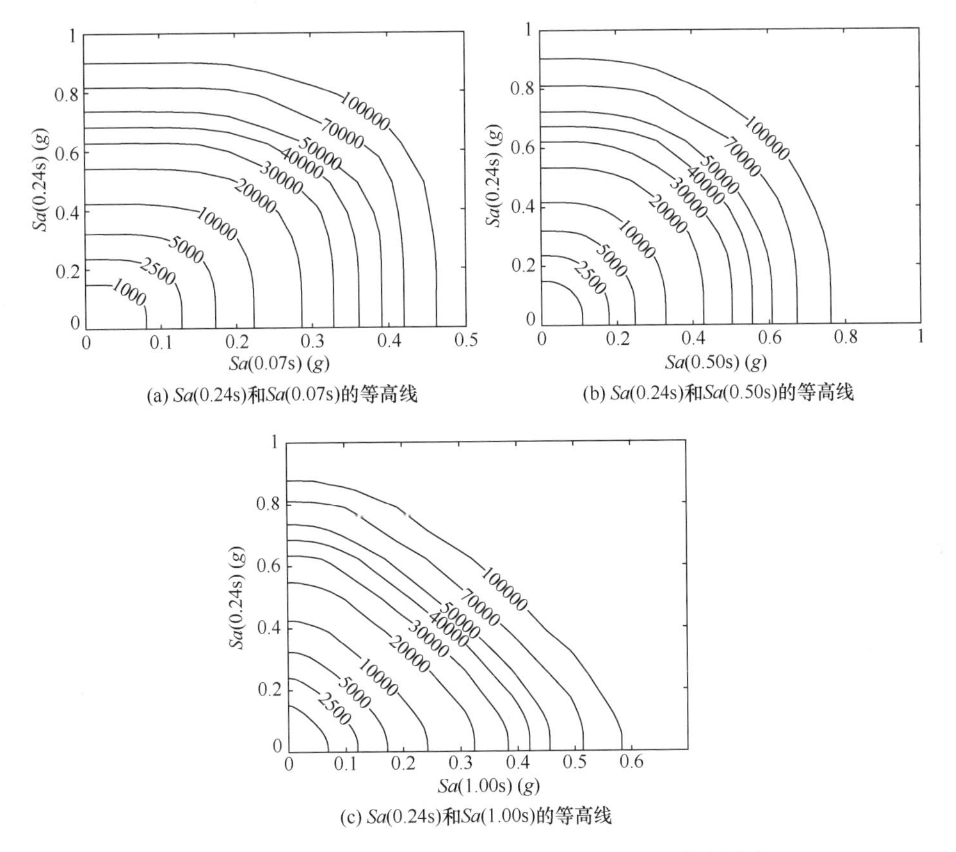

(a) $Sa(0.24\text{s})$和$Sa(0.07\text{s})$的等高线

(b) $Sa(0.24\text{s})$和$Sa(0.50\text{s})$的等高线

(c) $Sa(0.24\text{s})$和$Sa(1.00\text{s})$的等高线

图 3-12　不同强度参数组合的向量平均地震重现期等高线

3.5　条件地震重现期分析

3.5.1　条件地震重现期

条件重现期可直接表示为[153,154]：

$$T'(x \mid y) = T(x \mid Y \geqslant y) = \frac{1}{1 - F(x \mid Y \geqslant y)} \tag{3-45}$$

条件概率函数可以表示为：

$$\Pr(X \geqslant x \mid Y \geqslant y) = \frac{\Pr(X \geqslant x, Y \geqslant y)}{\Pr(Y \geqslant y)} \tag{3-46}$$

重现期可表示为超越概率的倒数，那么上式可转化为：

$$T'''(x \mid y) = \frac{T'''(x,y)}{T_Y} \tag{3-47}$$

式中，$T'''(x,y) = \dfrac{1}{\Pr(X \geqslant x, Y \geqslant y)}$；$T_Y = \dfrac{1}{\Pr(Y \geqslant y)}$；$T'''(x \mid y) = \dfrac{1}{\Pr(X \geqslant x \mid Y \geqslant y)}$。

类似于上节引入的双变量地震重现期的概念，基于条件概率地震危险性分析原理，本节提出了条件地震重现期概念。同样，在水文等工程领域，条件重现期概念也被广泛运用[153,154]。

条件地震发生概率密度函数可表示为：

$$f(Sa_2 > x_2 \mid Sa_1 > x_1) = \iint f_{Sa_2 \mid Sa_1}(x_2 \mid x_1, m, r, \theta) f_{M,R,\Theta}(m, r, \theta \mid , x_1) \mathrm{d}m\mathrm{d}r\mathrm{d}\theta \tag{3-48}$$

条件概率地震危险性可进一步表示为：

$$\lambda_{Sa_2 > x_2 \mid Sa_1 > x_1} = \int_{x_1}\int_{x_2} f(Sa_2 > u_2 \mid Sa_1 > u_1) \mathrm{d}u_1 \mathrm{d}u_2 \tag{3-49}$$

条件平均地震重现期可表示为：

$$T_{\mathrm{CR}} = \frac{1}{\lambda_{Sa_2 > x_2 \mid Sa_1 > x_1}} \tag{3-50}$$

基于上述公式，条件地震重现期与双变量地震重现期和单变量地震重现期关系可表示为：

$$T_{\mathrm{CR}}(x \mid y) = \frac{T_{\mathrm{VR}}(x,y)}{T_{\mathrm{SR}}(y)} \tag{3-51}$$

3.5.2 华南地区某核电厂厂址条件地震重现期分析

由式(3-50)，可以计算中国华南地区某核电厂厂址条件地震重现期(Conditional Earthquake Return Priod，CERP)，见图 3-13 和图 3-14。图 3-13 为以 $Sa(0.24\mathrm{s})$为主要条件强度参数，其他次要预测强度参数(分别包括 $Sa(0.07\mathrm{s})$、$Sa(0.50\mathrm{s})$、$Sa(1.00\mathrm{s})$和 $Sa(5.00\mathrm{s})$)的条件地震重现期。可发现：随着主要条件参数强度水平变大，次要预测强度参数的条件地震重现期也相应变长；还可发现，在指定主要条件强度参数水平范围内，次要预测强度参数的条件地震重现期变化范围不同，$Sa(0.50\mathrm{s})$的条件地震重现期变化范围最大，$Sa(5.00\mathrm{s})$条件地震重现期变化范围最小。图 3-14 为以指定强度水平 $Sa(0.24\mathrm{s})$为主要条件强度参数，其他所有强度参数的条件地震重现期分布图。可发现：$Sa(0.24\mathrm{s})$强度越大，其他所有强度参数的条件地震重现期分布越大；还可发现，随着条件强度参数水平的降低，指定强度参数的地震重现期变长，条件强度参数和指定强度参数的相关性越大，指定强度参数的地震强度重现期越小。

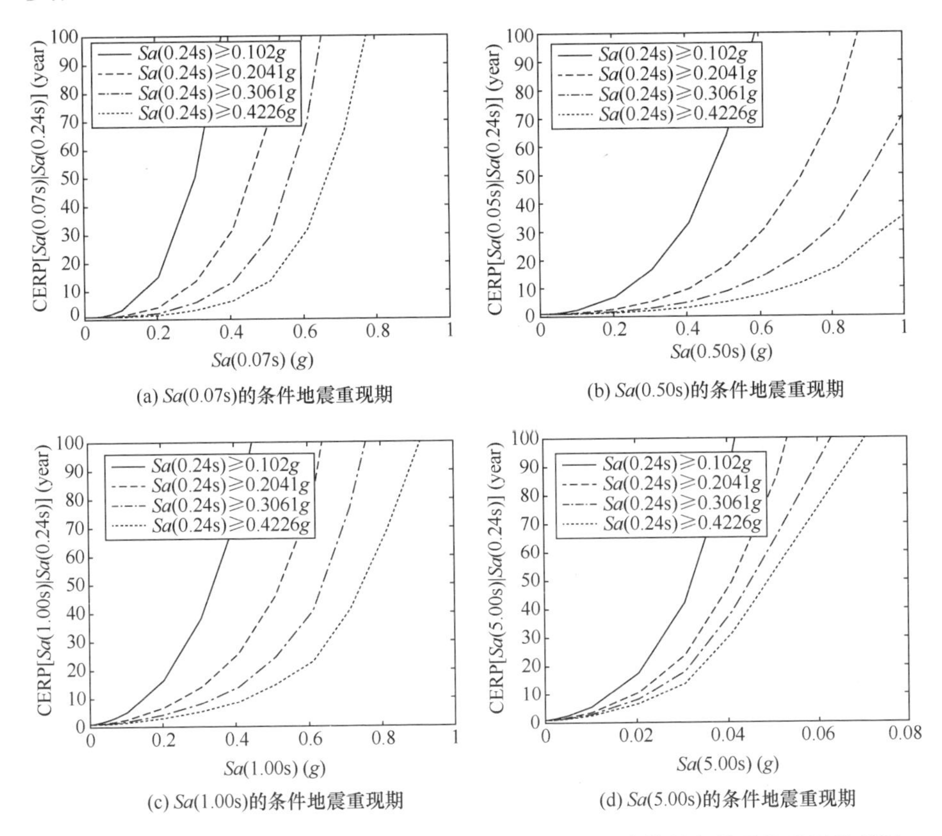

(a) Sa(0.07s)的条件地震重现期

(b) Sa(0.50s)的条件地震重现期

(c) Sa(1.00s)的条件地震重现期

(d) Sa(5.00s)的条件地震重现期

图 3-13　以四个指定 Sa(0.24s)强度水平为条件的其他参数的条件平均地震重现期

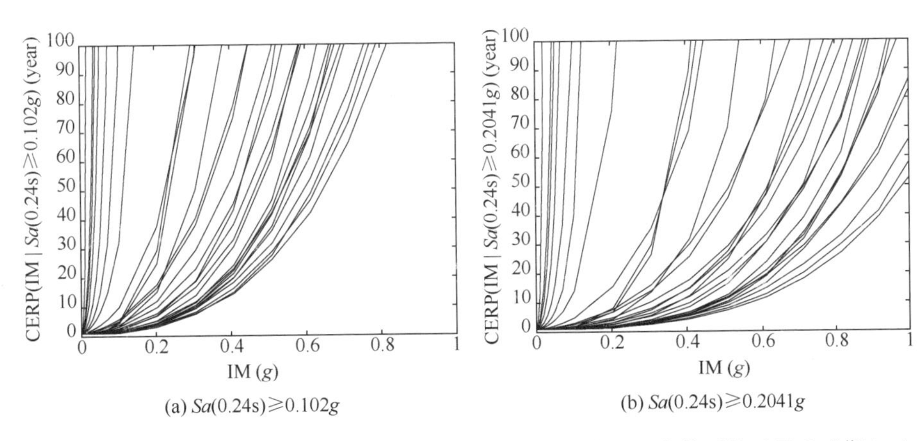

(a) Sa(0.24s)≥0.102g

(b) Sa(0.24s)≥0.2041g

图 3-14　以指定 Sa(0.24s)强度水平为条件的其他所有参数的条件平均地震重现期(一)

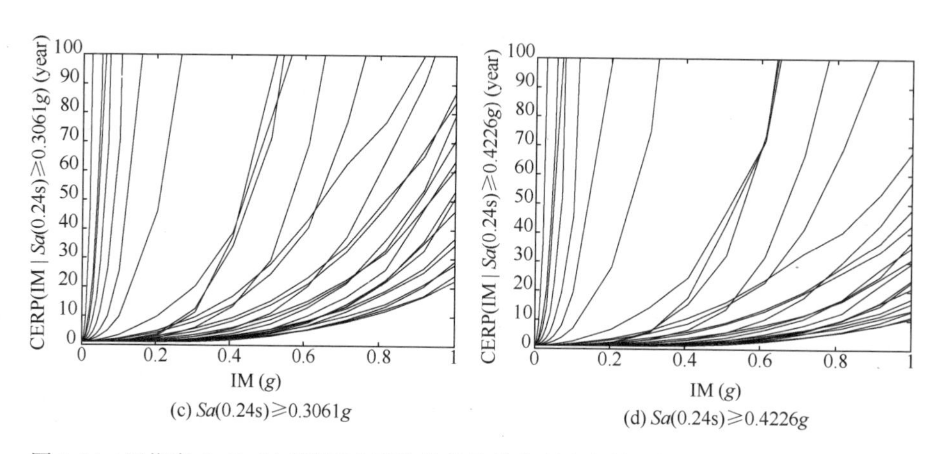

(c) Sa(0.24s)≥0.3061g

(d) Sa(0.24s)≥0.4226g

图 3-14 以指定 Sa(0.24s)强度水平为条件的其他所有参数的条件平均地震重现期(二)

3.6 本章小结

基于中国地震活动性特点和考虑强度参数相关性的概率地震危险性理论，本章分别开发了 c-VPSHA、c-VSHD 和 c-CPSHA 程序。c-VPSHA 和 c-CPSHA 可以考虑地震动强度参数间的相关性，所得危险性结果能够体现联合或条件发生信息。基于开发出的 c-VPSHA、c-VSHD 和 c-CPSHA 程序，对第 2 章算例厂址，进行向量型概率地震危险性分析、向量型地震危险性分解和条件型概率地震危险性分析，运用 c-VPSHA 程序，得到了厂址的地震危险性曲面，进一步可以得到某一参数固定的向量危险性曲线和危险性曲面的等高线；运用 c-VSHD 程序，得到了目标厂址的向量型危险性分解结果；运用开发的 c-CPSHA 程序，得到了算例厂址的条件地震危险性曲线。分析结果表明：标量型地震危险性曲线结果相较于向量型危险性分析结果更加保守；基于蒙特卡洛模拟的地震危险性分解方法，可以方便实现向量型地震危险性分解功能；向量型地震危险性分解需要指定分解参数的强度值大小，当指定向量危险性超越概率对应强度参数分解时，分解结果并不唯一；条件地震危险性曲线可在主要强度参数发生条件下，预测次要强度参数的大小。在地震工程领域单变量地震重现期概念基础上，本章首次提出双变量地震重现期和条件地震重现期概念，分析了三个重现期概念相互关系，可发现：双变量地震重现期大于等于两个参数各自单变量重现期大小，条件重现期是双变量地震重现期和单变量地震重现期之比。将两个概念运用在算例厂址中，新提出的两个概念可以很好解释向量型地震危险性和条件型地震危险性的分析结果。

第4章 场地相关目标谱与地震动记录选取

4.1 引言

场地相关谱可以基于概率地震危险性分析和分解结果生成，相对于规范反应谱，能够更合理反映目标场地的地震危险性。本章将场地相关谱分为三类：标量型场地相关谱、向量型场地相关谱和条件型场地相关谱。基于标量型概率地震危险性分析和分解，可生成一致危险谱、一致风险谱、条件均值谱和条件谱等标量型场地相关谱。基于向量型概率地震危险性分析和分解，可生成简化广义条件均值谱-Ⅰ、简化广义条件谱-Ⅰ、简化广义条件均值谱-Ⅱ和简化广义条件谱-Ⅱ等向量型场地相关谱。基于条件型概率地震危险性分析，类似一致危险谱，本章提出条件一致危险谱概念，该谱属于条件型场地相关谱。在第2章和第3章概率地震危险性分析和分解输出结果基础上，本章分别生成中国某核电厂厂址的上述三类场地相关谱。最后基于生成的具有分布信息的场地相关谱，包括条件谱、简化广义条件谱-Ⅰ和简化广义条件谱-Ⅱ，运用贪心优化算法，选取地震动记录。本章内容将为第5章安全壳地震易损性分析提供地震输入基础。

4.2 标量型场地相关目标谱

本章将基于标量型概率地震危险性分析和分解结果得到的场地相关谱定义为标量型场地相关谱，包括一致危险谱、一致风险谱、条件均值谱和条件谱。条件均值谱和条件谱在标量型概率地震危险性分析和分解输出结果基础上，还需要考虑地震动强度参数相关性信息，虽然可以将地震动强度参数相关性理解为向量信息，但所需概率地震危险性分析和分解结果都是标量型的，所以本章把条件均值谱和条件谱也归类为标量型场地相关谱。

4.2.1 一致危险谱

一致危险谱各个周期的超越概率值一致，可基于标量型概率地震危险性分析输出结果生成。具体生成过程如图4-1所示：图4-1(a)为四个示例周期谱加速度的危险性曲线，分别取0.0001超越概率（10000年单变量平均重现期）对应的地震动强度参数IM值，在图4-1（a）中四条示例危险性曲线上分别确定一致危险谱中四个周期（0.24s、0.50s、1.00s和5.00s）对应的*Sa*值（A、B、C和D），重复进行上述过程确定一致危险谱中其他周期强度参数值，最终得到图4-1（b）所示整条一致危险谱。一致危险谱的各个周期地震动强度参数值对应超越概率明确，但不同周期地震动强度参数值通常由不同设定地震控制，不能代表一条真实地震动记录，谱型较为保守。

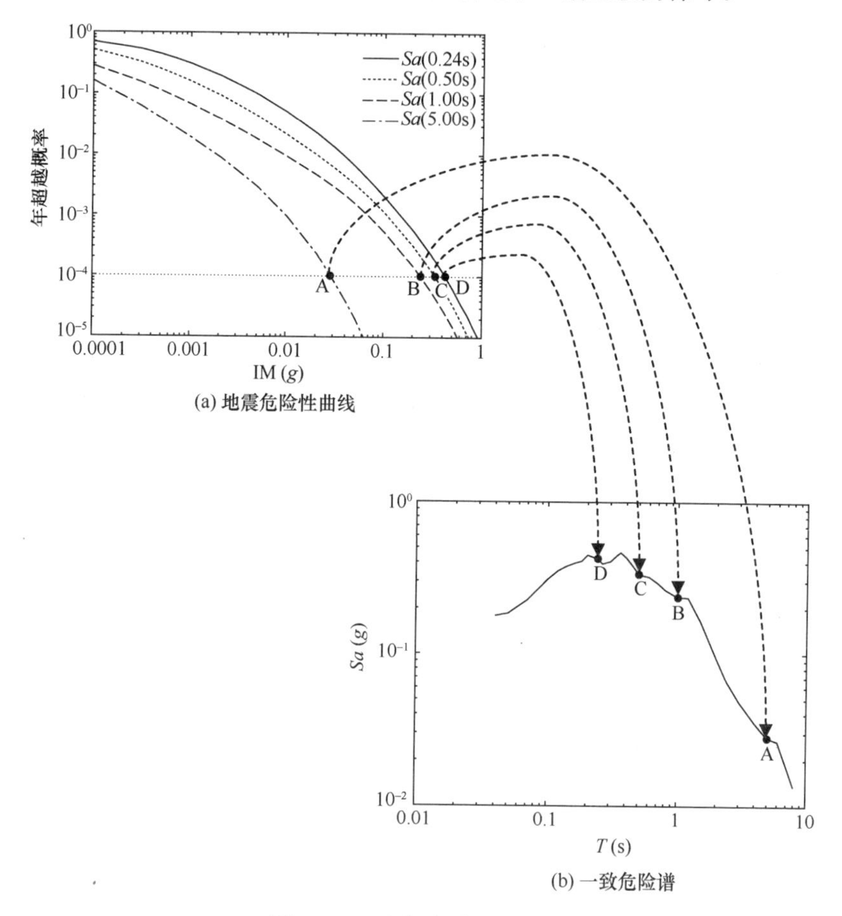

图4-1 一致危险谱生成过程

4.2.2 条件均值谱和条件谱

1. 条件均值谱生成原理

一致危险谱（Uniform Hazard Spectra，UHS）在各个周期的超越概率一致，但每个周期强度参数值通常由不同的设定地震控制，不能代表一条实际地震动记录，较为保守。Baker[63]考虑了谱型相关系数，提出了条件均值谱（Conditional Mean Spectrum，CMS）概念，由于 CMS 考虑了不同强度参数间相关性，在多数情形下较 UHS 更为合理。

条件均值谱可表示为[63]：

$$\mu_{\ln Sa(T_i)|\ln Sa(T^*)} = \mu_{\ln Sa}(M,R,T_i) + \rho(T_i,T^*)\varepsilon(T^*)\sigma_{\ln Sa}(T_i) \tag{4-1}$$

式中，$\mu_{\ln Sa}(M,R,T_i)$ 和 $\sigma_{\ln Sa}(T_i)$ 分别是预测方程的对数平均值和对数标准差；$\rho(T_i,T^*)$ 是谱型相关系数；$\varepsilon(T^*)$ 是谱型系数，可表示为：

$$\varepsilon(T^*) = \frac{\ln Sa(T^*) - \mu_{\ln Sa}(M,R,T^*)}{\sigma_{\ln Sa(T^*)}} \tag{4-2}$$

目前国际上比较有代表性的 Baker 相关系数模型[82]可表示为：

$$\begin{array}{ll} \text{if } T_{\max} < 0.109 & \rho(T_1,T_2) = C_2 \\ \text{else if } T_{\min} > 0.109 & \rho(T_1,T_2) = C_1 \\ \text{else if } T_{\max} < 0.2 & \rho(T_1,T_2) = \min(C_2,C_4) \\ \text{else} & \rho(T_1,T_2) = C_4 \end{array} \tag{4-3}$$

式中，C_1、C_2、C_3、C_4、$T_{\max}$和 $T_{\min}$可分别表示为：

$$\begin{aligned} & C_1 = 1-\cos\left(\frac{\pi}{2} - 0.366\ln\left(\frac{T_{\max}}{\max(T_{\min},0.109)}\right)\right) \\ & C_2 = \begin{cases} 1-0.105\left(1-\dfrac{1}{1+e^{100T_{\max}-5}}\right)\left(\dfrac{T_{\max}-T_{\min}}{T_{\max}-0.0099}\right) & \text{if } T_{\max} < 0.2 \\ 0 & \text{否则} \end{cases} \\ & C_3 = \begin{cases} C_2 & \text{if } T_{\max} < 0.109 \\ C_1 & \text{否则} \end{cases} \\ & C_4 = C_1 + 0.5(\sqrt{C_3} - C_3)\left(1+\cos\left(\frac{\pi T_{\min}}{0.109}\right)\right) \\ & T_{\max} = \max(T_1,T_2) \\ & T_{\min} = \min(T_1,T_2) \end{aligned} \tag{4-4}$$

2. 条件均值谱的理论基础

首先，假设多变量地震动强度参数对数的联合发生服从多元正态分布，那么条件地震动强度参数的对数服从正态分布，概率密度函数可表示为：

$$f_{Sa_2|Sa_1}(x_2 \mid x_1,m,r) = \frac{1}{x_2\sigma_{\ln Sa_2 \mid x_1,m,r}}\phi_{Sa_2}\left(\frac{\ln x_2 - m_{\ln Sa_2|x_1,m,r}}{\sigma_{\ln Sa_2|x_1,m,r}}\right) \tag{4-5}$$

式中，$m_{\ln Sa_2|x_1,m,r}$ 和 $\sigma_{\ln Sa_2|x_1,m,r}$ 分别是条件地震动预测方程的中位值和标准差，可分别表示为：

$$m_{\ln Sa_2|x_1,m,r} = m_{\ln Sa_2|m,r} + \rho_{1,2}\frac{\sigma_{\ln Sa_2|m,r}}{\sigma_{\ln Sa_1|m,r}}(\ln x_1 - m_{\ln Sa_1|m,r}) \tag{4-6}$$

$$\sigma_{\ln Sa_2|x_1,m,r} = \sigma_{\ln Sa_2|m,r}\sqrt{1-\rho_{1,2}^2} \tag{4-7}$$

运用标量型地震危险性分解方法，可以得到引起 $Sa_1 > x_1$ 的设定地震，如平均值设定地震（$\bar{m},\bar{r}$）。将设定地震代入式（4-6），可近似得到：

$$m_{\ln Sa_2|\ln Sa_1} \approx m_{\ln Sa_2|\bar{m},\bar{r}} + \rho_{1,2}\frac{\sigma_{\ln Sa_2|\bar{m},\bar{r}}}{\sigma_{\ln Sa_1|\bar{m},\bar{r}}}(\ln x_1 - m_{\ln Sa_1|\bar{m},\bar{r}}) \tag{4-8}$$

式（4-8）为地震动强度参数 Sa_2 在 Sa_1 条件下的预测中位值，重复上述过程，可得到所有周期的 Sa 值，即可生成整个条件均值谱，可表示为：

$$\mu_{\ln Sa(T_i)|\ln Sa(T^*)} \approx \mu_{\ln Sa}(M,R,T_i) + \rho(T_i,T^*)\varepsilon(T^*)\sigma_{\ln Sa}(T_i) \tag{4-9}$$

条件均值谱基础理论的假定和近似可总结为：1）假定地震动强度参数对数的联合分布服从多元正态分布，Jayaram 和 Baker[155] 已经验证了该假定；2）用设定地震近似为引起条件周期下谱加速度强度大小的地震事件。

3. 条件谱

在条件均值谱的基础上，Lin 等[69] 进一步考虑了谱的标准差信息，提出了条件谱的概念。条件谱考虑了地震谱的不确定性，基于条件谱选取的地震动可更合理考虑地震谱的分布信息。

运用地震危险性分解方法，可以生成引起 $Sa_1 > x_1$ 的设定地震，如平均值设定地震等。将平均值设定地震代入式（4-7），可得到：

$$\sigma_{\ln Sa_2|x_1,\bar{m},\bar{r}} = \sigma_{\ln Sa_2|\bar{m},\bar{r}}\sqrt{1-\rho_{1,2}^2} \tag{4-10}$$

式（4-10）为地震动参数 $\ln Sa_2$ 在 $\ln Sa_1$ 条件下的预测标准差，重复上述过程，可得到所有周期 $\ln Sa$ 值的预测标准差，可表示为：

$$\sigma_{\ln Sa(T_i)|\ln Sa(T^*)} = \sigma_{\ln Sa(T_i)}\sqrt{1-\rho_{T_i,T^*}^2} \tag{4-11}$$

4. 中国条件均值谱和条件谱

生成中国场地条件均值谱，主要有以下问题需要进一步考虑：1）生成适用于中国场地的谱型相关系数模型；2）生成适用于中国椭圆形地震动预测方程求解的设定地震，分解至少要包括三个参数（M，R，θ）。

冀坤等[84] 基于我国地震动预测方程和地震动数据，生成了适用于中国的谱型相关系数模型，同时，研究发现 Baker 相关系数模型[82] 适用于中国厂址，所以本书的相关系数模型全部采用 Baker 相关系数模型[82]。

本书第 2 章已开发出了三参数的标量型地震危险性分解程序，为生成条件均值谱所需的设定地震提供了分析基础。

5. 条件均值谱和条件谱生成步骤

条件均值谱和条件谱的生成需要下述信息：标量型概率地震危险性分析、标量型地震危险性分解、谱型相关系数模型和地震动预测方程，具体生成步骤可总结如下：

1）进行目标厂址标量型概率地震危险性分析，生成地震危险性曲线；

2）确定条件周期谱加速度强度参数在指定单变量地震重现期下的大小；

3）对步骤2）中确定的地震动强度参数进行标量型地震危险性分解，基于现阶段中国地震动预测方程为椭圆形式的现状，分解至少要包括（M，R，θ）三个参数；

4）基于步骤3）生成的分解结果，生成平均值等类型设定地震；

5）将步骤4）生成的设定地震代入地震动预测方程，计算地震动强度参数预测平均值和预测标准差；

6）将步骤2）和步骤5）输出结果代入式（4-2），计算目标地震动的谱型系数 ε；

7）生成适用于目标厂址的地震谱型系数相关性模型 ρ；

8）将步骤5）、步骤6）和步骤7）输出结果代入式（4-1），生成条件均值谱；

9）将步骤5）和步骤7）输出结果代入式（4-11），生成条件标准差；

10）综合步骤8）和步骤9），生成条件谱。

4.2.3 一致风险谱

基于一致危险谱和条件均值谱设计的结构通常不具有指定一致目标风险水准，ASCE 43-05 规范[72]提出了一致风险谱（Uniform Risk Spectra，URS）概念，由于 URS 的生成需要场地一致危险谱信息，所以本章也将其归类为标量型场地相关谱，URS 计算公式可以表示为：

$$\mathrm{URS} = \mathrm{UHS} \times DF \tag{4-12}$$

式中，UHS 为一致危险谱；DF 为设计系数，可表示为：

$$DF = \max\{DF_1, DF_2\} \tag{4-13}$$

式中，DF_1 和 DF_2 为设计系数，DF_1 的取值可见表 4-1[72]；DF_2 可进一步表示为：

$$DF_2 = 0.6 \times (A_R)^{\alpha} \tag{4-14}$$

式中，α 为设计参数，具体取值可见表 4-1[72]，基于不同的设计分类，α 取不同的值；A_R 可表示为：

$$A_R = \frac{Sa_{0.1H_D}}{Sa_{H_D}} \tag{4-15}$$

式中，H_D为设计危险性超越概率，H_D取值可见表 4-1[72]，基于不同的设计分类，H_D取不同的值；$Sa_{0.1H_D}$ 和 Sa_{H_D} 是分别对应 $0.1H_D$和 H_D超越概率的谱加速度值。

ASCE 43-05 一致风险设计谱参数[72] **表 4-1**

SDC	H_D	DF_1	α
3	4×10^{-4}	0.8	0.4
4	4×10^{-4}	1.0	0.8
5	1×10^{-4}	1.0	0.8

ASCE 43-05 一致风险谱生成步骤：

1）对目标厂址进行标量型概率地震危险性分析，生成地震危险性曲线；

2）确定目标结构的抗震设计分类（Seismic Design Category，SDC），根据表 4-1 确定相应的设计危险性超越概率 H_D、设计参数 DF_1和 α；

3）确定分别对应设计危险性超越概率和 0.1 倍设计危险性超越概率的两条一致危险谱；

4）将步骤 3）结果代入式（4-15），生成危险性斜率系数 A_R；

5）将步骤 2）确定的 α 和步骤 4）确定的 A_R代入式（4-14），计算参数 DF_2；

6）将步骤 2）和步骤 5）生成的 DF_1和 DF_2代入式（4-13），计算设计系数 DF；

7）将步骤 6）生成的设计系数 DF 和步骤 3）生成的对应设计危险性水平的一致危险谱代入式（4-12），最终得到一致风险谱。

4.3 向量型场地相关目标谱

基于向量型概率地震危险性分析和分解结果可以得到广义条件均值谱和广义条件谱，所以本书将简化广义条件均值谱-Ⅰ、简化广义条件谱-Ⅰ及简化广义条件均值谱-Ⅱ和简化广义条件谱-Ⅱ定义为向量型场地相关谱。

4.3.1 广义条件均值谱和广义条件谱

1. 广义条件均值谱和广义条件谱基本原理

传统条件均值谱的条件周期只有一个，有些情况下会低估由多周期控制结构的抗震响应。有学者提出了具有多个条件周期的向量型条件均值谱[76]（Conditional Mean Spectra at Mulitiple Periods，CMSV）和广义条件均值谱[32]（Generilized Conditional Mean Spectra，GCMS）概念。实际上，CMSV 和 GCMS 基本原理一致，有多个条件周期，是传统 CMS 概念的进一步扩展。本书将 GCMS 归类为向量型场地相关反应谱，下面总结介绍 GCMS 计算公式和基本原理[32,76]。

向量谱强度参数值可表示为：

$$\mathbf{A}=\{\mathbf{A}_c,\mathbf{A}_s\} \tag{4-16}$$

式中，$\mathbf{A}_c$ 为条件周期对应的向量强度参数值；$\mathbf{A}_s$ 是非条件周期对应的向量强度参数值。

平均值向量和协方差矩阵可分别表示为：

$$\boldsymbol{\mu}=(\boldsymbol{\mu}_c,\boldsymbol{\mu}_s) \tag{4-17}$$

$$\boldsymbol{\Sigma}=\begin{bmatrix}\boldsymbol{\Sigma}_{cc} & \boldsymbol{\Sigma}_{cs}\\ \boldsymbol{\Sigma}_{sc} & \boldsymbol{\Sigma}_{ss}\end{bmatrix} \tag{4-18}$$

式中，$\boldsymbol{\mu}_c$ 为条件周期对应的平均值向量强度参数值；$\boldsymbol{\mu}_s$ 是非条件周期对应的平均值向量强度参数值；$\boldsymbol{\Sigma}_{cc}$ 是所有条件周期组成的协方差矩阵；$\boldsymbol{\Sigma}_{ss}$ 是所有非条件周期组成的协方差矩阵；$\boldsymbol{\Sigma}_{sc}$ 和 $\boldsymbol{\Sigma}_{cs}$ 是所有条件周期和非条件周期组成的协方差矩阵。

假设地震动强度参数的对数服从多元正态分布，那么条件均值向量和条件协方差矩阵可表示为：

$$\tilde{\boldsymbol{\mu}}_s=\boldsymbol{\mu}_s+\boldsymbol{\Sigma}_{sc}\boldsymbol{\Sigma}_{cc}^{-1}\boldsymbol{\varepsilon}\boldsymbol{\sigma}_c \tag{4-19}$$

$$\tilde{\boldsymbol{\Sigma}}_s=\boldsymbol{\Sigma}_{ss}-\boldsymbol{\Sigma}_{sc}\boldsymbol{\Sigma}_{cc}^{-1}\boldsymbol{\Sigma}_{cs} \tag{4-20}$$

式中，$\boldsymbol{\varepsilon}\boldsymbol{\sigma}_c$ 是总残差，可表示为：

$$\boldsymbol{\varepsilon}\boldsymbol{\sigma}_c=\ln\boldsymbol{a}_c-\boldsymbol{\mu}_c \tag{4-21}$$

式中，$\boldsymbol{a}_c$ 是条件周期的目标谱加速度值；$\boldsymbol{\mu}_c$ 是条件周期对应的平均值向量强度参数值。

式（4-19）和式（4-20）组成了广义条件谱计算公式，式（4-19）为广义条件均值谱计算公式。

多周期条件均值谱和广义条件均值谱的关键步骤之一是确定条件周期的强度参数 a_c。通常有几种确定方式：1）条件周期的强度参数大小按照单变量地震重现期确定；2）条件周期的强度参数大小按照双变量地震重现期确定，当然这种确定方法结果不唯一，需要附加条件进一步确定，如附加每个条件周期谱加速度强度参数的单变量地震重现期；3）基于可靠度计算方法确定。本书将采用前两种方法确定目标加速度强度。将按第一种方法确定的广义条件均值谱和广义条件谱定义为广义条件均值谱-Ⅰ和广义条件谱-Ⅰ，将按第二种方法确定的广义条件均值谱和广义条件谱定义为广义条件均值谱-Ⅱ和广义条件谱-Ⅱ。

2. 中国的广义条件均值谱和广义条件谱

中国的广义条件均值谱和广义条件谱与中国的条件均值谱和条件谱生成所需考虑问题类似，主要有两方面问题：

1）生成适用于中国场地的谱型相关系数模型，与前文中讨论的中国 CMS 一致，中国的广义条件均值谱和广义条件谱同样可以采用 Baker 相关系数模型[82]；

2）生成适用于中国椭圆形地震动预测方程求解的设定地震，向量分解至少包括三个参数（M，R，θ），本书第 3 章已开发出了三参数的向量型地震危险性分解程序，为生成广义条件均值谱和广义条件谱所需的设定地震提供了分析基础。

4.3.2 简化广义条件均值谱和简化广义条件谱

1. 简化广义条件均值谱和简化广义条件谱基本原理

由于多周期条件下的 GCMS 计算较为复杂，有学者[32]对 GCMS 进行了简化，提出了简化广义条件均值谱（Simplied Generalized Conditional Mean Spectra，s-GCMS），s-GCMS 只有两个条件周期。s-GCMS 基本原理总结如下[32]。

平均值向量和协方差矩阵，可表示为：

$$\boldsymbol{\mu} = (\boldsymbol{\mu}_{c}, \boldsymbol{\mu}_{s}) \tag{4-22}$$

$$\boldsymbol{\Sigma} = \begin{bmatrix} \boldsymbol{\Sigma}_{cc} & \boldsymbol{\Sigma}_{cs} \\ \boldsymbol{\Sigma}_{sc} & \boldsymbol{\Sigma}_{ss} \end{bmatrix} \tag{4-23}$$

假设地震动强度参数的对数服从多元正态分布，那么条件平均值向量和条件协方差矩阵可分别表示为：

$$\widetilde{\boldsymbol{\mu}}_{s} = \boldsymbol{\mu}_{s} + \boldsymbol{\mu}_{sc}\boldsymbol{\Sigma}_{cc}^{-1}\boldsymbol{\varepsilon}\boldsymbol{\sigma}_{c} \tag{4-24}$$

$$\widetilde{\boldsymbol{\Sigma}}_{s} = \boldsymbol{\mu}_{ss} - \boldsymbol{\Sigma}_{sc}\boldsymbol{\Sigma}_{cc}^{-1}\boldsymbol{\Sigma}_{cs} \tag{4-25}$$

式中，$\boldsymbol{\varepsilon}$ 可表示为：

$$\boldsymbol{\varepsilon} = (\varepsilon_{1}, \varepsilon_{2}) \tag{4-26}$$

式中，两个条件谱型参数 ε_1 和 ε_2 可分别表示为：

$$\varepsilon_1 = \frac{a_1 - \mu_1}{\sigma_1} \tag{4-27}$$

$$\varepsilon_2 = \frac{a_2 - \mu_2}{\sigma_2} \tag{4-28}$$

式中，a_1 和 a_2 是两个条件周期的目标谱加速度值；μ_1 和 μ_2 是两个条件周期加速度的预测中位值；σ_1 和 σ_2 是两个条件周期加速度的预测标准差。

综合上述计算公式，s-GCMS 的条件对数平均值和标准差可分别表示为：

$$\tilde{\mu}_j = \mu_j + \sigma_j \varepsilon_j^* \tag{4-29}$$

$$\tilde{\sigma}_j = \sigma_j \sqrt{1 - \rho_j^*} \tag{4-30}$$

式中，ε_j^* 是谱型系数的组合系数，ρ_j^* 是相关系数的组合系数，可分别表示为：

$$\varepsilon_j^* = c_{j1}\varepsilon_1 + c_{j2}\varepsilon_2 \tag{4-31}$$

$$\rho_j^* = c_{j1}\rho_{j1} + c_{j2}\rho_{j2} \tag{4-32}$$

式中，ρ_{j1} 和 ρ_{j2} 是两个条件强度参数与其他非条件强度参数的相关系数；系数 c_{j1} 和 c_{j2} 分别表示为：

$$c_{j1} = \frac{\rho_{j1} - \rho_{12}\rho_{j2}}{1 - \rho_{12}^2} \tag{4-33}$$

$$c_{j2} = \frac{\rho_{j2} - \rho_{12}\rho_{j1}}{1 - \rho_{12}^2} \tag{4-34}$$

2. 简化广义条件均值谱-Ⅰ和简化广义条件谱-Ⅰ生成步骤

简化广义条件均值谱-Ⅰ和简化广义条件谱-Ⅰ两个目标加速度强度的大小按照标量型地震重现期确定，简化广义条件均值谱-Ⅰ和简化广义条件谱-Ⅰ的计算步骤总结如下：

1）对目标厂址进行标量型概率地震危险性分析，生成地震危险性曲线；

2）确定两个条件周期谱加速度强度参数在相应指定单变量地震重现期下的强度水平；

3）对步骤 2）确定的两个目标条件周期谱加速度强度参数进行向量型

地震危险性分解，基于现阶段中国预测方程为椭圆形式的现状，分解至少要包括（M，R，θ）三个参数；

4）基于步骤3）生成的分解结果，生成平均值设定地震或其他类型设定地震；

5）将步骤4）生成的设定地震代入地震动预测方程，计算地震动预测平均值和预测标准差，生成式（4-22）中的平均值向量；

6）生成适合目标厂址的地震谱型系数相关性模型；

7）考虑步骤5）生成的预测标准差和步骤6）生成的谱型相关系数模型，生成式（4-23）中协方差矩阵；

8）将步骤2）和步骤5）输出结果代入式（4-27）和式（4-28），生成两个条件谱型参数 ε_1 和 ε_2；

9）将相应周期谱加速度间谱型相关系数代入式（4-33）和式（4-34），生成两个相关系数的组合系数；

10）将步骤9）生成的两个相关系数的组合系数和步骤8）生成的两个条件谱型参数 ε_1 和 ε_2 代入式（4-31），生成组合后的谱型参数；

11）将步骤9）生成的两个相关系数的组合系数和两个条件周期地震动强度参数与其他周期的相关系数代入式（4-32），生成组合后的相关系数；

12）将步骤10）得到的组合谱型系数、步骤11）得到的组合相关系数、步骤5）得到的预测平均值和步骤7）得到的预测标准差代入式（4-29）和式（4-30），式（4-29）计算得到简化广义条件均值谱 -Ⅰ，式（4-29）和式（4-30）联合计算得到简化广义条件谱 -Ⅰ。

3. 简化广义条件均值谱 -Ⅱ和简化广义条件谱 -Ⅱ生成步骤

本节介绍简化广义条件均值谱 -Ⅱ和简化广义条件谱 -Ⅱ的生成步骤，简化广义条件均值谱 -Ⅱ和简化广义条件谱 -Ⅱ的两个目标加速度强度大小按照如下信息确定：两个条件周期的双变量地震重现期和每个条件周期谱加速度强度参数的单变量地震重现期。

简化广义条件均值谱 -Ⅱ和简化广义条件谱 -Ⅱ的计算步骤可总结为：

1）对目标厂址进行标量型概率地震危险性分析，生成地震危险性曲线；

2）对目标厂址进行向量型概率地震危险性分析，生成地震危险性曲面；

3）确定两个条件谱加速度的双变量地震重现期和两个单变量地震重现期；

4）综合步骤1）和步骤2）生成的危险性曲线和危险性曲面，考虑步骤3）三个地震重现期，确定两个条件地震动强度参数大小；

5）对步骤4）确定的两个目标条件地震动强度参数进行向量型地震危

险性分解，基于现阶段中国预测方程为椭圆形式的现状，分解至少要包括（M，R，θ）三个参数；

6）基于步骤5）生成的分解结果，生成平均值设定地震或其他类型设定地震；

7）将步骤6）生成的设定地震代入地震动预测方程，计算地震动预测强度和预测标准差，生成式（4-22）中的平均值向量；

8）生成适合目标厂址的地震谱型系数相关性模型；

9）考虑步骤7）生成的预测标准差和步骤8）生成的谱型相关系数模型，生成式（4-23）中的协方差矩阵；

10）将步骤4）和步骤7）输出结果代入式（4-27）和式（4-28），生成两个条件谱型参数 ε_1 和 ε_2；

11）将相应谱型相关系数代入式（4-33）和式（4-34），生成两个相关系数的组合系数；

12）将步骤11）生成的两个相关系数的组合系数和步骤10）生成的两个条件谱型参数 ε_1 和 ε_2 代入式（4-31），生成组合后的谱型参数；

13）将步骤11）生成的两个相关系数的组合系数和两个条件周期地震动强度参数与其他周期的相关系数代入式（4-32），生成组合后的相关系数；

14）将步骤12）得到的组合谱型系数、步骤13）得到的组合相关系数、步骤7）得到的预测平均值和步骤9）得到的预测标准差分别代入式（4-29）和式（4-30），式（4-29）计算得到考虑向量型危险性信息的广义条件均值谱-Ⅱ，式（4-29）和式（4-30）组合得到考虑向量型危险性信息的简化广义条件谱-Ⅱ。

4.4 条件型场地相关目标谱

条件概率地震危险性分析可以得到条件地震危险性曲线，基于得到的条件地震危险性曲线，类似一致危险谱生成原理，可得到条件一致危险谱。具体生成过程如图4-2所示：图4-2（a）为两条示例条件危险性曲线，取 *Sa*（0.24s）为条件地震动强度参数IM，条件概率取某个分位值（如0.7），分别在图4-2（a）中确定条件一致危险谱相应两个周期(0.50s和1.00s）的条件 *Sa* 值（A和B），条件一致危险谱其他周期的强度参数值可重复进行上述过程，最终得到图4-2（b）所示整个条件一致危险谱。

本章第4.2.2节总结了条件均值谱的基础理论，可发现条件均值谱是对条件预测中位值的近似。而条件概率地震危险性分析是在条件预测方程（包

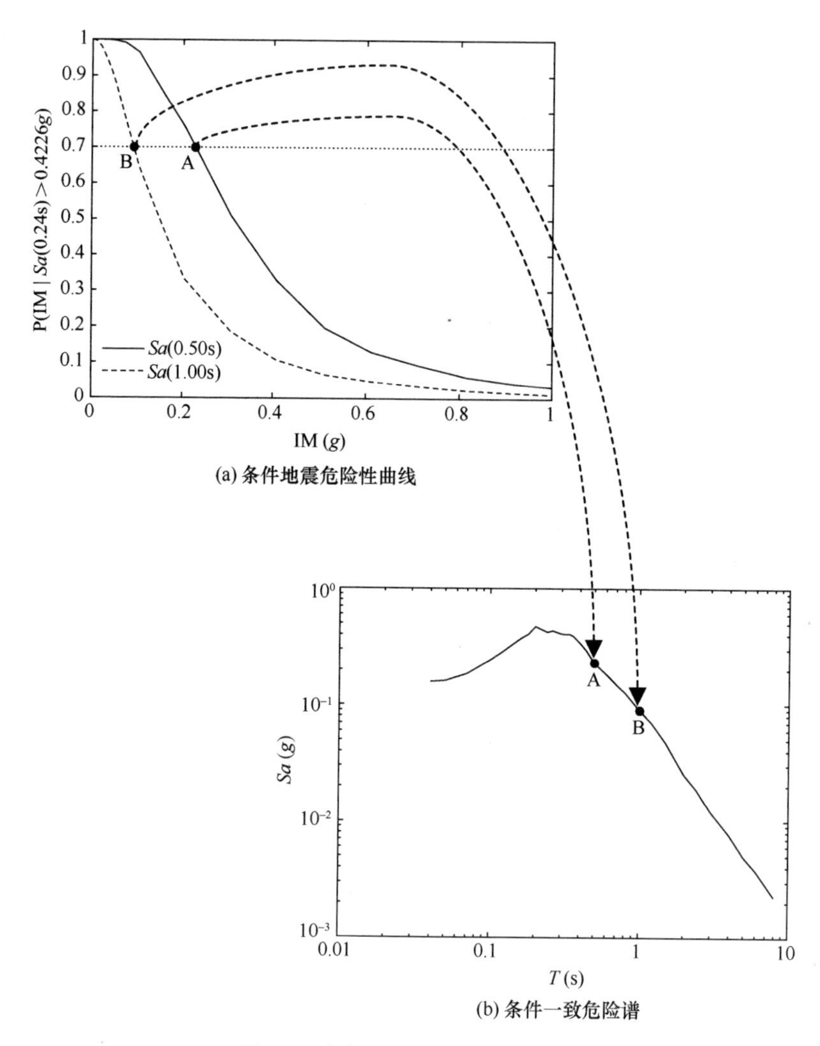

(a) 条件地震危险性曲线

(b) 条件一致危险谱

图 4-2　条件一致危险谱生成过程

含预测平均值和预测标准差信息）基础上求条件地震动强度参数的分位值（如 0.7 和 0.9 等分位值）。条件一致危险谱较条件均值谱的优势：1）除了条件周期具有明确的超越概率信息外，非条件周期的强度参数同样具有明确的概率信息；2）通过调整分位值大小，可以生成谱型宽于条件均值谱而窄于一致危险谱的条件一致危险谱，解决了条件谱谱型较窄而一致危险谱谱型较宽的不足，见图 4-3 所示。但条件一致危险谱的缺点与一致危险谱类似：非条件周期强度参数分别由不同设定地震所控制。

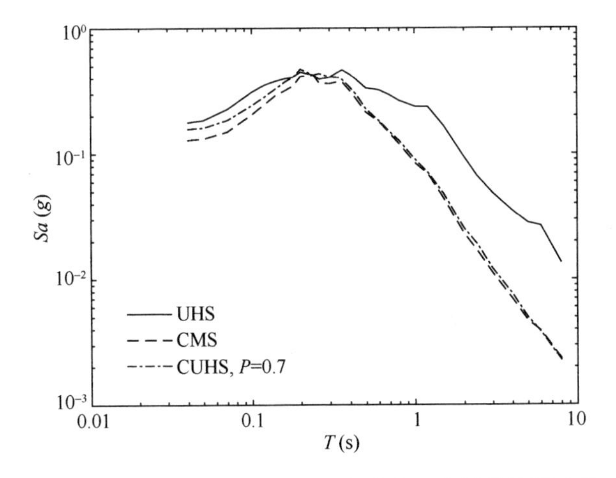

图 4-3　条件一致危险谱、一致危险谱和条件均值谱比较

4.5　华南地区某核电厂厂址场地相关目标谱

本节基于 4.2 节、4.3 节和 4.4 节场地相关谱生成原理和步骤，分别生成华南地区某核电厂厂址标量型、向量型和条件型场地相关谱。

基于图 4-1 一致危险谱生成过程，分别生成第二章算例厂址年超越概率为 0.0001 和年超越概率为 0.00001 的一致危险谱，见图 4-4。

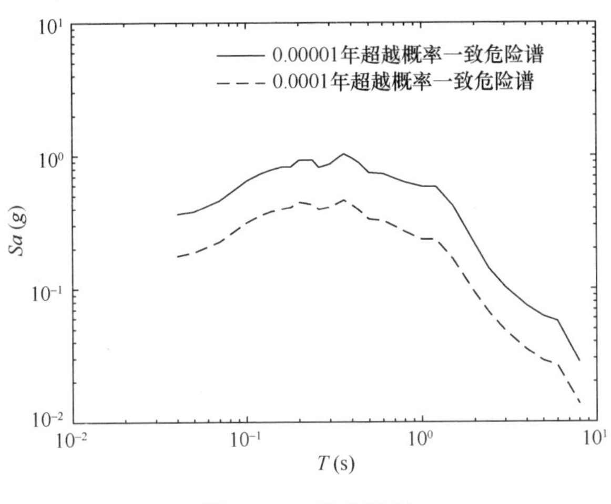

图 4-4　一致危险谱

基于 4.2.2 节条件均值谱生成步骤，分别得到条件周期为 0.1s、0.5s、1s 和 5s 的条件均值谱，见图 4-5。由于本书目标安全壳结构的单向平动第一周期和第二周期分别为 0.24s 和 0.07s，生成对应周期的条件均值谱，见图 4-6。可发现：条件均值谱的条件周期强度参数值和一致危险谱一致，非条件周期地震动强度值要明显小于一致危险谱；一致危险谱谱型明显宽于条件均值谱。

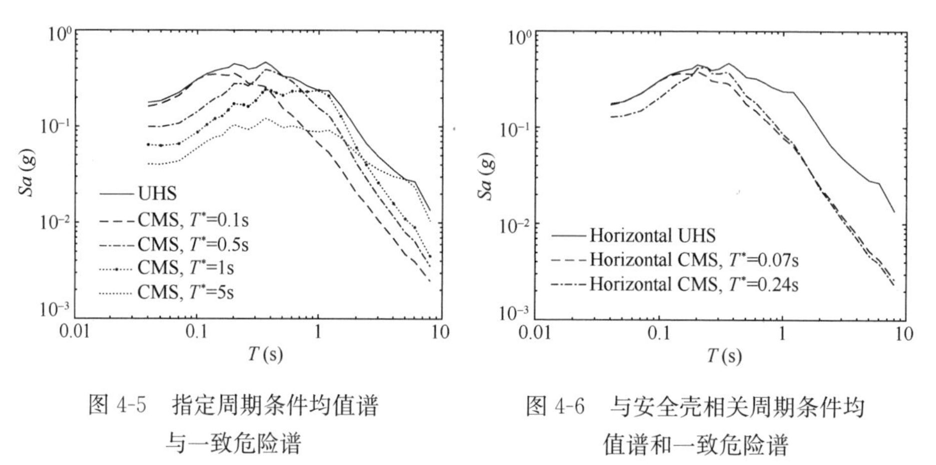

图 4-5　指定周期条件均值谱与一致危险谱

图 4-6　与安全壳相关周期条件均值谱和一致危险谱

基于 4.2.2 节条件谱生成步骤，分别得到条件周期为 0.1s、0.5s、1s、5s、0.07s 和 0.24s 的条件谱，分别见图 4-7(a)、图 4-7(b)、图 4-7(c)、图 4-7(d)、图 4-7(e)和图 4-7(f)。分析结果表明：条件谱的条件周期谱加速度值的条件标准差为 0，离条件周期越远，条件标准差有增大趋势。

基于 4.2.3 节 URS 生成步骤，生成算例厂址 *DF* 值和 URS，见图 4-8 和图 4-9。ASCE 43-05 一致风险谱是一致危险谱与设计系数 *DF* 相乘得到，可发现：*DF* 值全部大于 1，所以一致风险谱在各个周期的谱值全部大于一致危险谱。

本书后面章节中目标安全壳结构的基本周期近似为 0.24s，所以选 *Sa*(0.24s)为主要目标条件地震动强度参数，并分别与 *Sa*(0.07s)、*Sa*(0.50s)、*Sa*(1.00s)和 *Sa*(5.00s)组合为向量谱加速度。本算例中，简化广义条件均值谱-Ⅰ的两个单变量地震重现期分别为 10000 年；简化广义条件均值谱-Ⅱ的两个单变量地震重现期相同，且双变量地震重现期为 10000 年。算例厂址的广义条件均值谱-Ⅰ和广义条件均值谱-Ⅱ见图 4-10 和图 4-11。基于生成的算例厂址广义条件均值谱-Ⅰ和广义条件均值谱-Ⅱ可发现：简化广义条件均值谱-Ⅰ，在条件周期间所有谱加速度值近似等于一致危险谱，其他

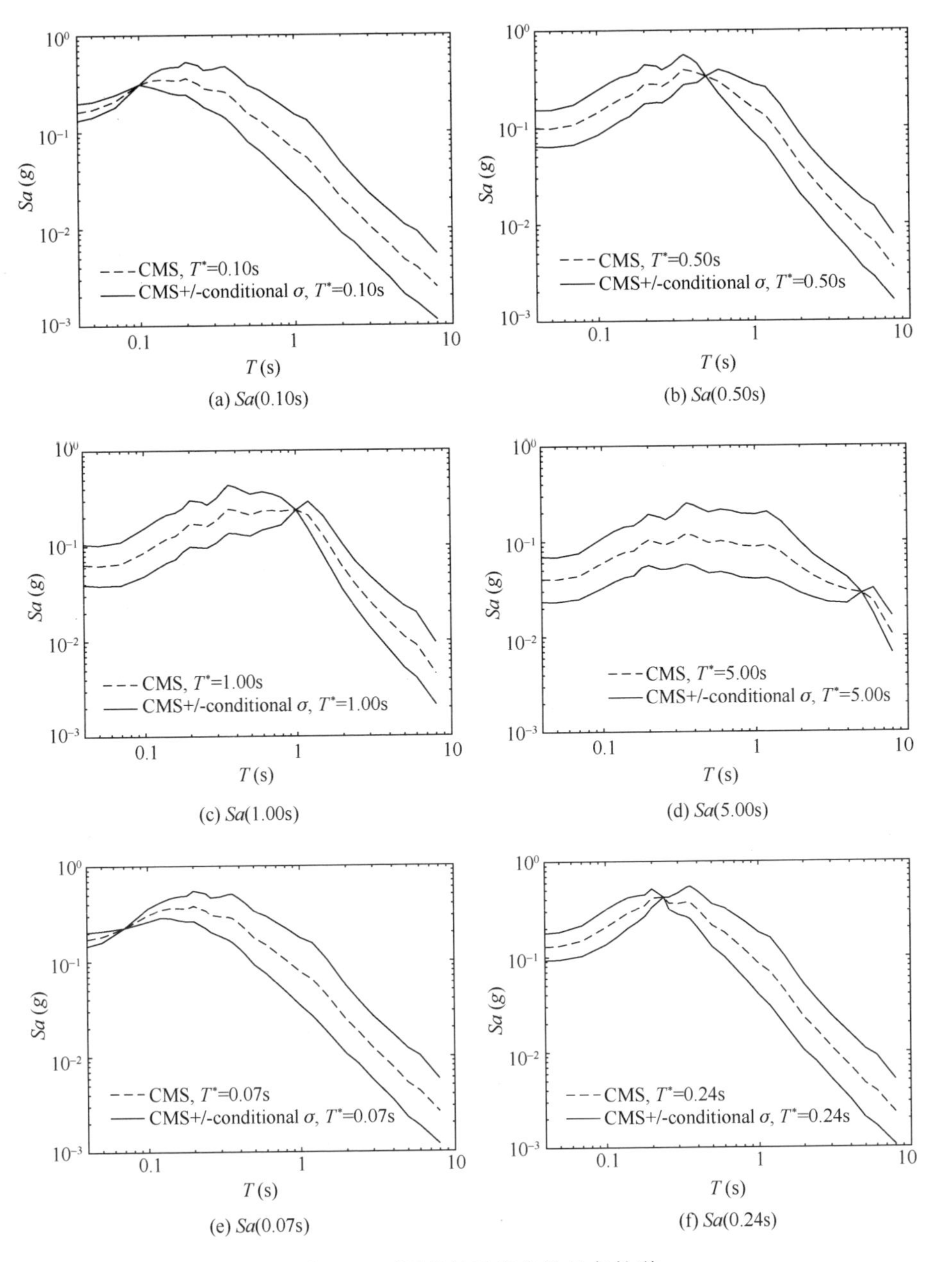

图 4-7　不同条件强度参数的条件谱

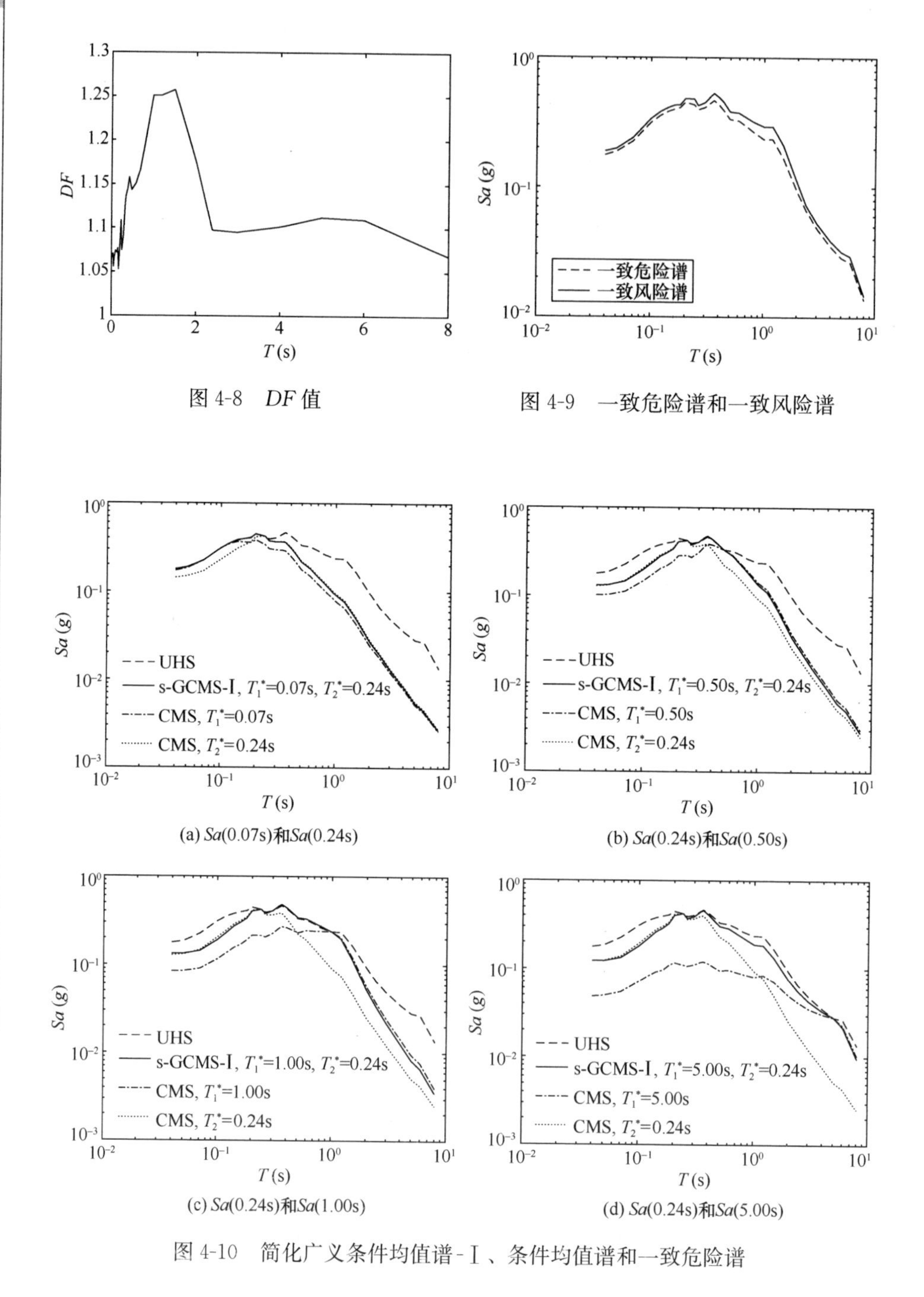

图 4-8 *DF* 值

图 4-9 一致危险谱和一致风险谱

(a) *Sa*(0.07s)和*Sa*(0.24s)

(b) *Sa*(0.24s)和*Sa*(0.50s)

(c) *Sa*(0.24s)和*Sa*(1.00s)

(d) *Sa*(0.24s)和*Sa*(5.00s)

图 4-10 简化广义条件均值谱-Ⅰ、条件均值谱和一致危险谱

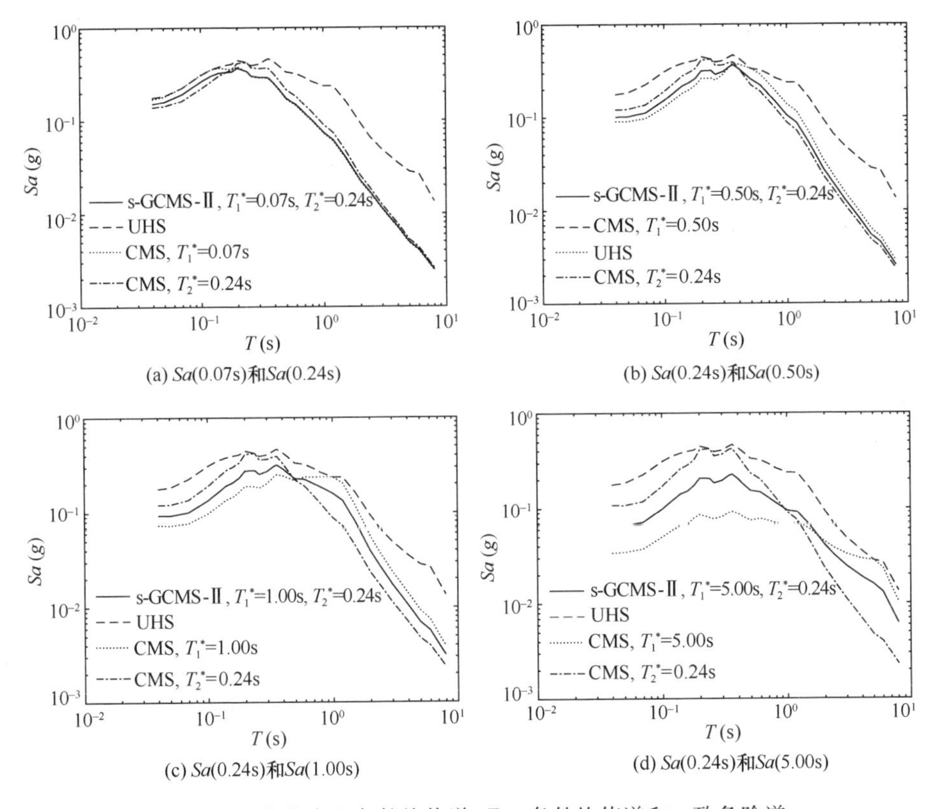

图 4-11　简化广义条件均值谱-Ⅱ、条件均值谱和一致危险谱

周期对应谱加速度值要小于一致危险谱，相当于两个条件周期的条件均值谱的包络谱；简化广义条件均值谱-Ⅰ的谱型比一致危险谱谱型窄，并且简化广义条件均值谱-Ⅰ的谱型比条件均值谱的谱型要宽，解决了一致危险谱较宽而条件均值谱较窄的不足；另外具有指定向量危险性信息的简化广义条件均值谱-Ⅱ，在各个周期的谱加速度值均小于一致危险谱，甚至小于条件均值谱，并且简化广义条件均值谱-Ⅱ型的谱型明显要宽于条件均值谱谱型并略窄于一致危险谱谱型。

基于 4.3.2 节简化广义条件谱基本原理和生成步骤，分别生成了算例厂址简化广义条件谱-Ⅰ和简化广义条件谱-Ⅱ，见图 4-12 和图 4-13。由图 4-12 和图 4-13，可发现：广义条件谱有两个条件周期，对应的标准差为 0，距离两个条件周期越远，谱的分布越大。

基于图 4-2 条件一致危险谱生成过程示意图，得到算例厂址 Sa (0.24s) 为条件的条件一致危险谱，条件概率可取不同分位值，图 4-14 分别给出了条件概率为0.5、0.6、0.7、0.8和0.9的5个条件一致危险谱。

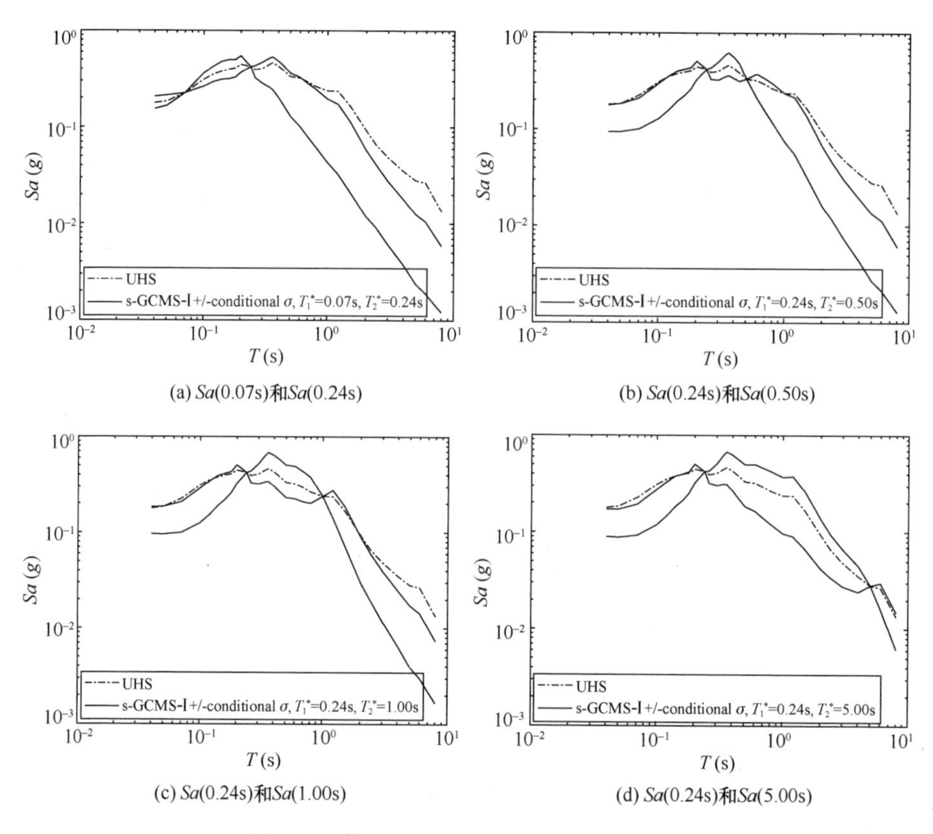

(a) Sa(0.07s)和Sa(0.24s)　(b) Sa(0.24s)和Sa(0.50s)

(c) Sa(0.24s)和Sa(1.00s)　(d) Sa(0.24s)和Sa(5.00s)

图 4-12　简化广义条件谱-Ⅰ和一致危险谱

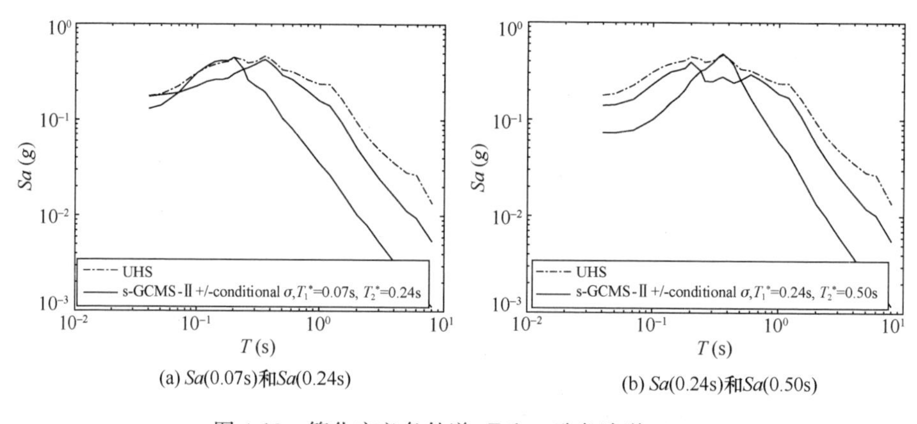

(a) Sa(0.07s)和Sa(0.24s)　(b) Sa(0.24s)和Sa(0.50s)

图 4-13　简化广义条件谱-Ⅱ和一致危险谱（一）

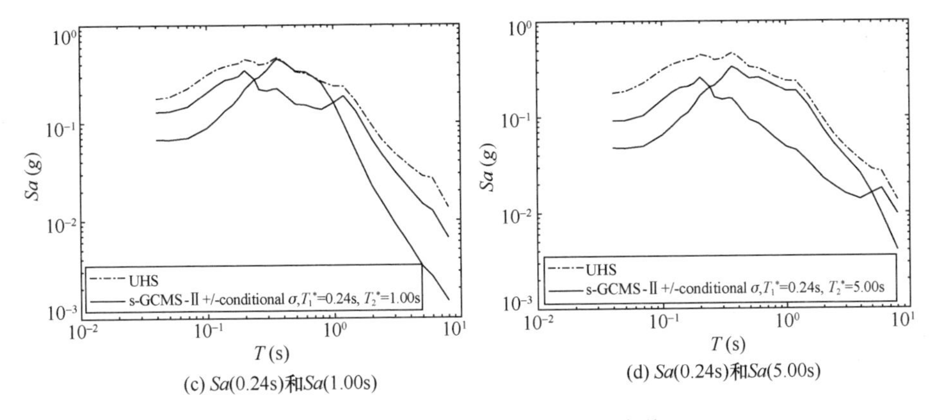

(c) *Sa*(0.24s)和*Sa*(1.00s)

(d) *Sa*(0.24s)和*Sa*(5.00s)

图 4-13 简化广义条件谱-Ⅱ和一致危险谱（二）

可发现这五个条件一致危险谱与条件谱类似，也是在条件周期共同交于一点，离条件周期越远，谱值分布越大。如图 4-15 所示，通过调整分位值 P 等于 0.7，生成条件一致危险谱谱型宽于条件均值谱而窄于一致危险谱，解决了条件均值谱谱型较窄而一致危险谱谱型较宽的不足。

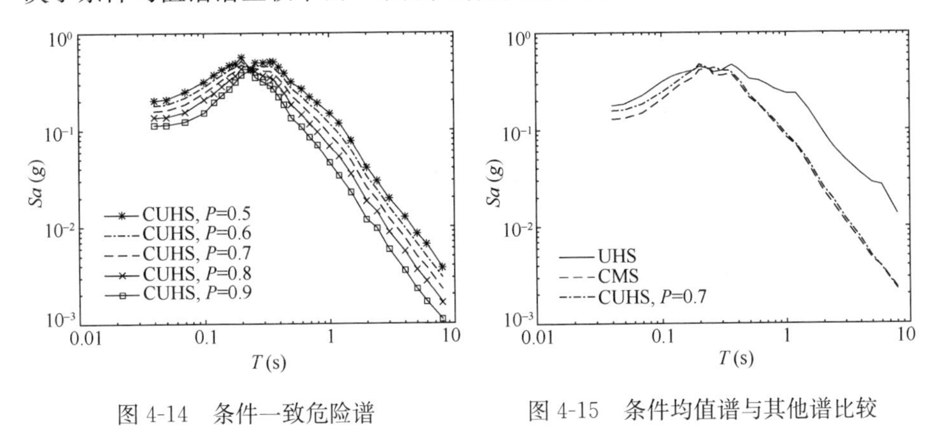

图 4-14 条件一致危险谱

图 4-15 条件均值谱与其他谱比较

4.6 基于场地相关目标谱的地震动记录选取

目前已有相关学者基于不同算法提出了相应地震动选取方法和程序[110-113]。其中，Jayaram 等[112]基于贪心优化算法开发了一个有效选取地震动记录的程序，Baker 等[113]在上述程序的基础上做了进一步优化改进，研究发现 Jayaram 和 Baker 等[112,113]开发的方法可以基于目标谱有效选取地震动记录。本节对该方法进行简要介绍。

该程序的目标谱可分为两类：非条件目标谱和条件目标谱。

非条件目标谱 $\ln Sa$ 的平均值向量和协方差矩阵可分别表示为：

$$\boldsymbol{\mu}=[\mu_{\ln Sa}(M,R,T_1),\mu_{\ln Sa}(M,R,T_2),\cdots,\mu_{\ln Sa}(M,R,T_P)]^{\mathrm{T}} \quad (4\text{-}35)$$

$$\boldsymbol{\Sigma}=\begin{bmatrix}\sigma_{T_1}^2 & \sigma_{T_1,T_2} & \cdots & \sigma_{T_1,T_P}\\ \sigma_{T_2,T_1} & \sigma_{T_2}^2 & & \vdots\\ \vdots & & \ddots & \vdots\\ \sigma_{T_P,T_1} & \cdots & \cdots & \sigma_{T_P}^2\end{bmatrix} \quad (4\text{-}36)$$

条件目标谱可以包括条件谱和广义条件谱，条件均值谱可表示为：

$$\mu_{\ln Sa(T_i)|\ln Sa(T^*)}=\mu_{\ln Sa}(M,R,T_i)+\rho(T_i,T^*)\varepsilon(T^*)\sigma_{\ln Sa}(T_i) \quad (4\text{-}37)$$

式中，$\mu_{\ln Sa}(M,R,T_i)$ 和 $\sigma_{\ln Sa}(T_i)$ 分别是预测方程的对数平均值和对数标准差；$\rho(T_i,T^*)$ 是谱型相关系数；$\varepsilon(T^*)$ 是谱型系数，可表示为：

$$\varepsilon(T^*)=\frac{\ln Sa(T^*)-\mu_{\ln Sa}(M,R,T^*)}{\sigma_{\ln Sa(T^*)}} \quad (4\text{-}38)$$

条件协方差矩阵可表示为：

$$\Sigma_{\mathrm{cond}}=\Sigma-\frac{\Sigma_{\mathrm{cross}}\Sigma_{\mathrm{cross}}^{T}}{\sigma_{\ln Sa}(M,R,T^*)} \quad (4\text{-}39)$$

广义条件谱平均值向量和协方差矩阵可分别表示为：

$$\boldsymbol{\mu}=(\boldsymbol{\mu}_{\mathrm{c}},\boldsymbol{\mu}_{\mathrm{s}}) \quad (4\text{-}40)$$

$$\boldsymbol{\Sigma}=\begin{bmatrix}\boldsymbol{\Sigma}_{\mathrm{cc}} & \boldsymbol{\Sigma}_{\mathrm{cs}}\\ \boldsymbol{\Sigma}_{\mathrm{sc}} & \boldsymbol{\Sigma}_{\mathrm{ss}}\end{bmatrix} \quad (4\text{-}41)$$

式中，$\boldsymbol{\mu}_{\mathrm{c}}$ 为条件周期对应的平均值向量强度参数值；$\boldsymbol{\mu}_{\mathrm{s}}$ 是非条件周期对应的平均值向量强度参数值；$\boldsymbol{\Sigma}_{\mathrm{cc}}$ 是所有条件周期组成的协方差矩阵；$\boldsymbol{\Sigma}_{\mathrm{ss}}$ 是所有非条件周期组成的协方差矩阵；$\boldsymbol{\Sigma}_{\mathrm{sc}}$ 和 $\boldsymbol{\Sigma}_{\mathrm{cs}}$ 是所有条件周期和非条件周期组成的协方差矩阵。

选取的地震动记录与目标谱的误差平方和可表示为：

$$SSE=\sum_{j=1}^{P}(\ln Sa(T_j)-\ln Sa^{(\mathrm{s})}(T_j))^2 \quad (4\text{-}42)$$

式中，$\ln Sa$（T_j）为选取调幅后的第 T_j 个周期对数谱加速度值；$\ln Sa^{(\mathrm{s})}$（T_j）为模拟的目标第 T_j 个周期对数谱加速度值。

选取地震动平均值误差可表示为：

$$ERR_{\mathrm{mean}}=\max_j\left(\left|\frac{m_{\ln Sa}(T_j)-\mu_{\ln Sa}(T_j)}{\mu_{\ln Sa}(T_j)}\right|\right)\times 100 \quad (4\text{-}43)$$

式中，$m_{\ln Sa}(T_j)$ 是所选地震动在周期 T_j 的 $\ln Sa$ 的样本平均值；$\mu_{\ln Sa}(T_j)$ 是目标谱在周期 T_j 的 $\ln Sa$ 的平均值。

选取地震动标准差误差可表示为：

$$ERR_{std} = \max_{j}\left(\left| \frac{s_{\ln Sa}(T_j) - \sigma_{\ln Sa}(T_j)}{\sigma_{\ln Sa}(T_j)} \right| \right) \times 100 \tag{4-44}$$

式中，$s_{\ln Sa}(T_j)$ 是所选地震动在周期 T_j 的 $\ln Sa$ 值的样本标准差；$\sigma_{\ln Sa}(T_j)$ 是目标谱在周期 T_j 的 $\ln Sa$ 值的标准差。

最后，平均值和标准差的权重误差平方和可表示为：

$$SSE_s = \sum_{j=1}^{p} \left[(m_{\ln Sa}(T_j) - \mu_{\ln Sa}(T_j))^2 + w\,(s_{\ln Sa}(T_j) - \sigma_{\ln Sa}(T_j))^2 \right] \tag{4-45}$$

式中，w 为权重系数，用于表示平均值和标准差的重要性。

Baker 等[113]开发的程序基本步骤可总结为：

1）指定目标谱，包括非条件谱（公式 4-35 和公式 4-36）、条件谱（公式 4-37、公式 4-38 和公式 4-39）和广义条件谱（公式 4-40 和公式 4-41）；

2）基于步骤 1）指定的目标谱，运用统计模拟方法（如蒙特卡洛模拟或拉丁超立方抽样技术）生成模拟响应谱；

3）确定备选地震动数据库，如 NGA-West2 等地震动数据库；

4）确定 M, R 和 V_{S30} 等地震学参数取值范围，对步骤 3）确定的备选地震动数据库进行首次筛选；

5）基于最小 SSE（公式（4-42））选取准则，初步选取地震动记录；

6）判断步骤 5）选取的地震动记录是否满足公式（4-43）和（4-44）误差要求；

7）步骤 6）如满足指定误差要求，直接输出步骤 6）所选地震动记录集合；

8）步骤 6）如若不满足误差要求，基于公式（4-45），运用贪心优化算法进一步优化选择地震动记录，并反复进行上述过程，直到步骤 6）误差得到满足后，停止优化运算，最后输出所选地震动记录结果。

4.7 华南地区某核电厂厂址的地震动记录选取

本节选用中国华南地区某核电厂厂址条件谱、简化广义条件谱-Ⅰ和简化广义条件谱-Ⅱ作为目标谱，并选用 NGA-West2 为备选地震记录数据库，基于 4.6 节 Baker 等[113]开发的地震动选取与调整程序，选取四组的震动记录集合，最终选取结果见附录 A。

4.7.1 基于条件谱的地震动记录选取

本书后面章节安全壳模型单方向前两阶主要平动周期分别为 0.24s 和

0.07s，分别选择这两个周期作为条件谱的条件周期，中国华南地区某核电厂厂址上述周期条件谱已在本章生成。本书选择的备选数据库是 NGA-West2 数据库，共有 21539 组三向地震动记录。地震动记录的初步筛选基于地震危险性分解结果，Sa(0.07s)和 Sa(0.24s)万年一遇条件下地震危险性分解结果已在第二章 2.4.3 节中给出，基于分解结果可发现：Sa(0.07s)和 Sa(0.24s)万年一遇条件下地震危险性分解得到的震级范围在 M_s4.5～M_s7.5 之间，距离范围取 10～100km 之间。NGA-West2 仅给出 V_{S30}数据，所以本书选用 V_{S30}作为场地标识参数，由于算例场址在基岩地区，V_{S30}取值范围取大于 600m/s。由于 NGA-West2 给出的地震动记录多用矩震级标定地震震级大小，基于文献[156]给出的转换关系，将面波震级转化为矩震级，转化后矩震级范围在 M_w5～M_w7.5。

依据前文所述场地信息和筛选条件，基于条件周期为 0.07s 条件谱，采用基于贪心优化算法的程序，进行地震动的选取与调整。图 4-16（a）为模拟地震动反应谱与目标条件谱分布图，可发现模拟谱在条件谱 2.5%和 97.5%分位值范围内；图 4-16（b）为最终选取地震动反应谱与目标反应谱

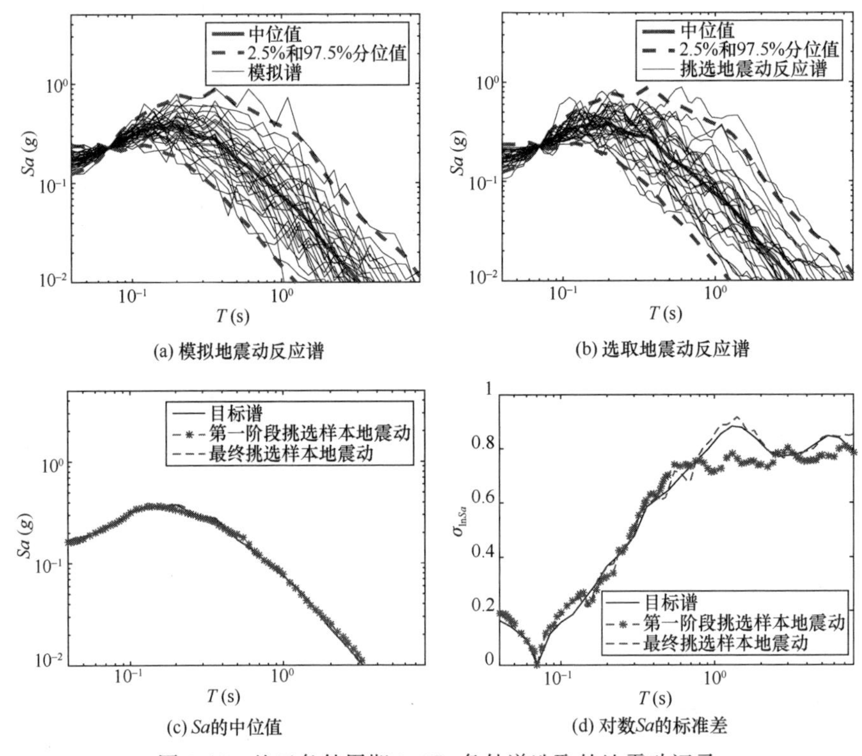

图 4-16　基于条件周期 0.07s 条件谱选取的地震动记录

分布图，可发现选取的地震动反应谱同样在条件谱 2.5%和 97.5%分位值范围内；图 4-16（c）为选取地震动的中位值与目标谱中位值的对比图，可发现选取的地震动可很好匹配目标谱的中位值；图 4-16（d）为选取地震动的标准差与目标谱标准差的对比图，可发现选取的地震动可很好匹配目标谱的标准差。最终选取结果见附录 A 中表 A-1。

采用同样方式，依据上文所述场地信息和筛选条件，基于条件周期为 0.24s 条件谱，采用基于贪心优化算法的程序，进行地震动的选取与调整。图 4-17（a）为模拟地震动反应谱与目标条件谱分布图，可发现模拟谱在条件谱 2.5%和 97.5%分位值范围内；图 4-17（b）为最终选取地震动反应谱与目标反应谱分布图，可发现选取的地震动反应谱同样在条件谱 2.5%和 97.5%分位值范围内；图 4-17（c）为选取地震动的中位值与目标谱中位值的对比图，可发现选取的地震动可很好匹配目标谱的中位值；图 4-17（d）为选取地震动的标准差与目标谱标准差的对比图，可发现选取的地震动可很好匹配目标谱的标准差。最终选取结果见附录 A 中表 A-2。

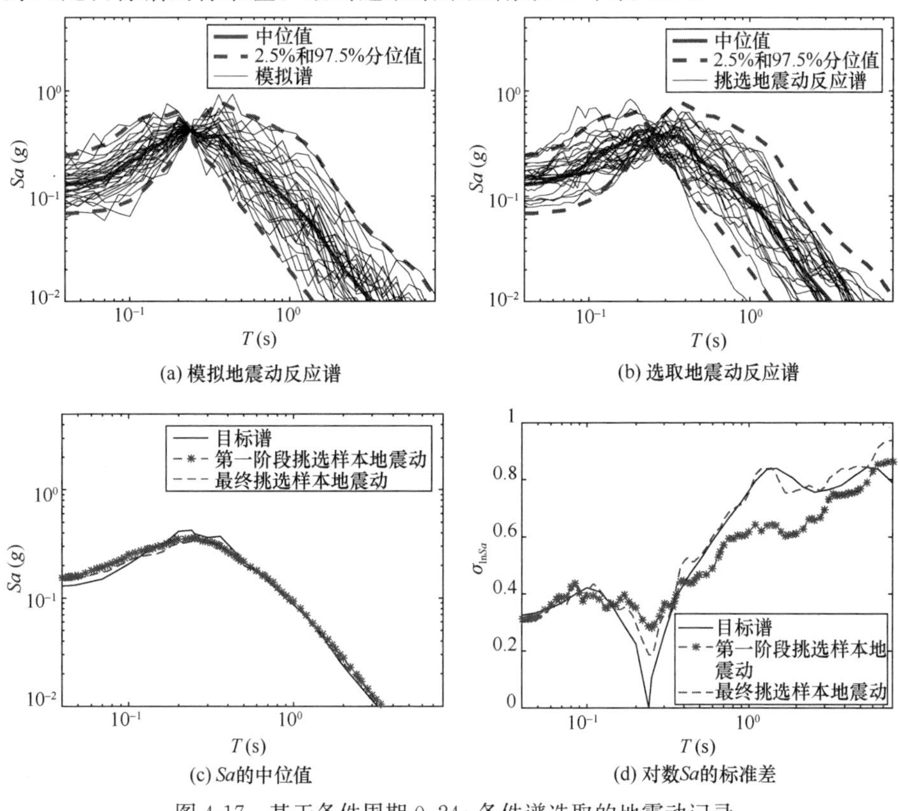

图 4-17　基于条件周期 0.24s 条件谱选取的地震动记录

4.7.2 基于简化广义条件谱的地震动记录选取

本书后面章节安全壳的单向前两阶主要平动周期分别为 0.24s 和 0.07s，条件强度参数分别取这两个周期强度参数 Sa（0.07s）和 Sa（0.24s）联合，分别选用两个简化广义条件谱作为目标谱：1）两个标量型年超越概率为 0.0001，即两个地震动强度参数单变量地震重现期都为 10000 年；2）向量型年超越概率为 0.0001，两个单变量地震重现期取相等。第 4 章已生成相应简化广义条件谱。本书选择的备选数据库是 NGA-West2 数据库，共有 21539 组三维地震动记录。地震动记录的初步筛选基于地震危险性分解结果，Sa(0.07s)和 Sa(0.24s)联合向量两种情况下的地震危险性分解已在第 3 章 3.2.2 节中给出，可发现：Sa(0.07s)和 Sa(0.24s)联合向量地震危险性分解得到的震级范围都在 M_s4.5～M_s7.5 之间，距离范围在10～100km 之间，由于 NGA-West2 给出的地震动记录的厂址分类选用的是 V_{S30}标定，并且算例场址在基岩地区，所以本书指定 $V_{S30}\geqslant$600m/s。由于 NGA-West2 给出的地震动记录的地震震级大多用矩震级标定，基于文献[156]给出的转换关系，将面波震级转化为矩震级，可得到矩震级范围在 M_w5～M_w7.5。

基于条件周期为 0.24s 和 0.07s 的广义条件谱-Ⅰ进行地震动的选取与调整。图 4-18(a)为模拟地震动反应谱与目标条件谱分布图，可发现模拟谱在条件谱 2.5%和 97.5%分位值范围内；图 4-18(b)为最终选取地震动反应谱与目标反应谱分布图，可发现选取的地震动反应谱同样在条件谱 2.5%和 97.5%分位值范围内；图 4-18(c)为选取地震动的中位值与目标谱中位值的对比图，可发现选取出的地震动可很好匹配目标谱的中位值；图 4-18(d)为选取出地震动的标准差与目标谱标准差的对比图，可发现选取出的地震动可很好匹配目标谱的标准差。最终选取结果见附录 A 中表 A-3。基于条件周期为 0.24s 和 0.07s 的广义条件谱-Ⅱ进行地震动的选取与调整，取向量危险性为 0.0001 超越概率，两个单变量地震重现期相等。图 4-19(a)为模拟地震动反应谱与目标条件谱分布图，可发现模拟谱在条件谱 2.5%和 97.5%分位值范围内；图 4-19(b)为最终选取地震动反应谱与目标反应谱分布图。可发现选取的地震动反应谱同样在条件谱 2.5%和 97.5%分位值范围内；图 4-19(c)为选取地震动的中位值与目标谱中位值的对比图，可发现选取的地震动可很好匹配目标谱的中位值；图 4-19(d)为选取地震动的标准差与目标谱标准差的对比图，可发现选取的地震动可很好匹配目标谱的标准差。最终选取结果见附录 A 中表 A-4。

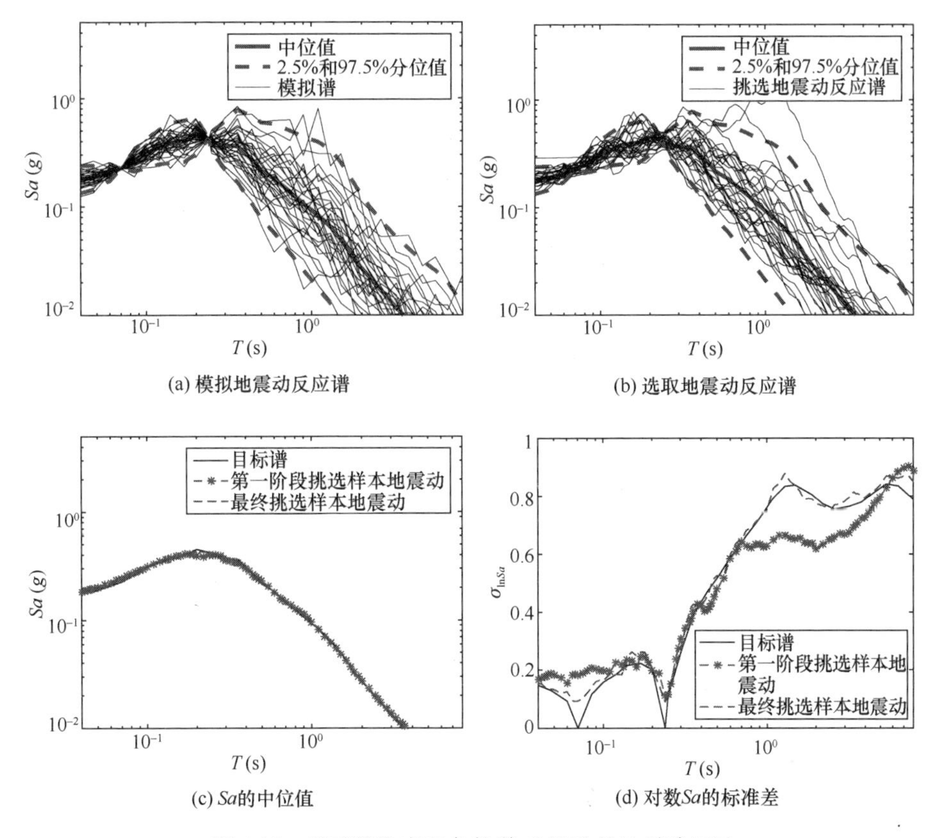

(a) 模拟地震动反应谱

(b) 选取地震动反应谱

(c) *Sa*的中位值

(d) 对数*Sa*的标准差

图 4-18 基于简化广义条件谱-Ⅰ选取的地震动记录

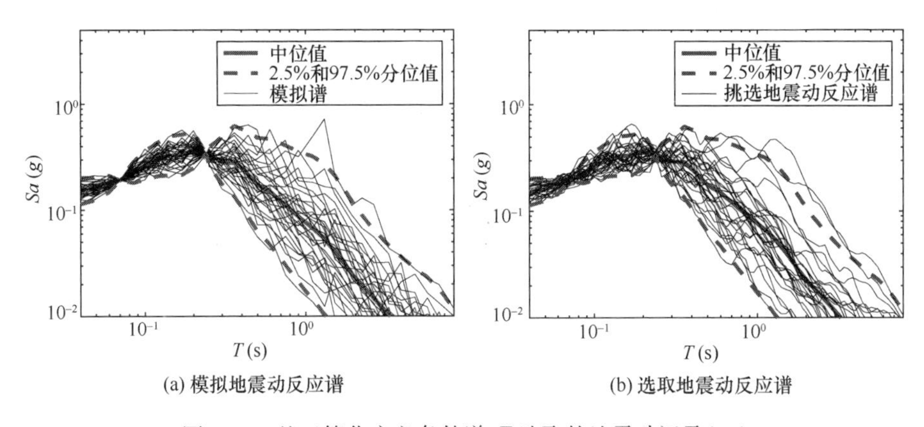

(a) 模拟地震动反应谱

(b) 选取地震动反应谱

图 4-19 基于简化广义条件谱-Ⅱ选取的地震动记录(一)

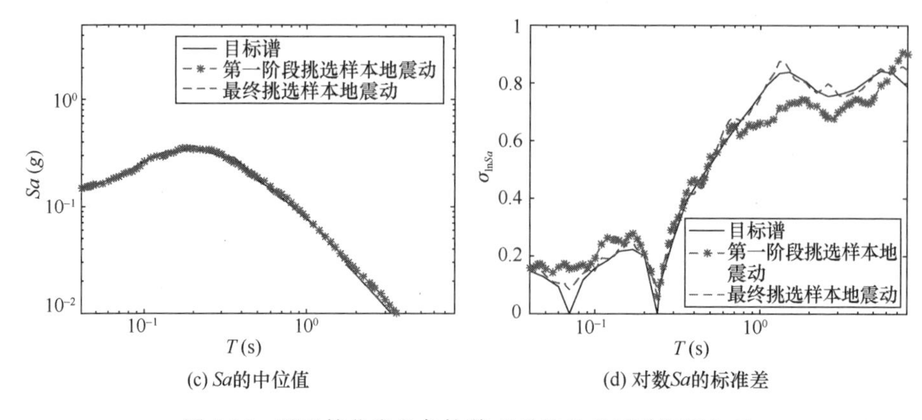

(c) Sa的中位值 (d) 对数Sa的标准差

图 4-19 基于简化广义条件谱-Ⅱ选取的地震动记录（二）

4.8 本章小结

本章首先将场地相关谱划分为三类：标量型场地相关谱、向量型场地相关谱和条件型场地相关谱。标量型场地相关谱包括一致危险谱、一致风险谱、条件均值谱和条件谱，向量型场地相关谱包括简化条件均值谱-Ⅰ、简化条件谱-Ⅰ、简化条件均值谱-Ⅱ和简化条件谱-Ⅱ，条件型场地相关谱包括条件一致危险谱。首先对上述场地相关谱计算公式和计算步骤进行了总结，然后生成第二章给出的算例厂址上述场地相关谱。分析结果发现：一致危险谱较保守；一致风险谱通常在各个周期大于一致危险谱；条件均值谱考虑了谱型相关系数，在某些情况下，较一致危险谱更符合实际；广义条件均值谱由于考虑了多条件周期谱加速度，所得结果解决了条件均值谱单个条件周期的不足；条件一致危险谱基于条件概率地震危险性分析生成，较条件均值谱的概率信息更明确，通过调整条件概率分位值，可以得到比条件均值谱宽且比一致危险谱窄的谱型，但同样存在非条件周期由不同设定地震控制的缺点。最后基于条件谱、简化广义条件谱-Ⅰ、简化广义条件谱-Ⅱ选取实际地震动记录，选取的地震动记录可以很好匹配目标谱的中位值和标准差。本章生成的所有场地相关谱和选取的地震动记录将为第 5 章核电安全壳地震易损性分析提供分析基础。

第5章 核电安全壳地震易损性分析

5.1 引言

地震易损性分析是地震风险评估步骤之一，作用是分析核电安全壳在地震荷载作用下的条件失效概率。本章首先总结核电安全壳地震易损性模型可选分布形式，分析平均值地震易损性模型和具有置信度的地震易损性模型的理论基础，首次基于“易损性的不确定性”角度推导具有置信度的地震易损性模型公式。然后总结核电安全壳高置信度低失效概率值两种定义方式，并分析两者关系。最后总结核电安全壳传统地震易损性安全系数法，基于解析易损性数据和经验易损性数据生成安全壳地震易损性曲线和高置信度低失效概率值，具体包括两个实现途径：基于第4章生成的场地相关谱，运用振型分解反应谱法，计算强度系数的中位值，结合其他系数的经验数据，得到安全壳结构的地震易损性曲线和高置信度低失效概率值；基于第4章选取的地震动记录，进行安全壳增量动力分析，计算强度系数的中位值和本质不确定性标准差，结合其他系数的经验数据，得到安全壳的地震易损性曲线和高置信度低失效概率值。本章分析结果为第6章安全壳地震风险分析提供地震易损性数据基础。

5.2 核电安全壳的地震易损性模型

文献[130]总结了地震易损性模型可选分布形式，包括：对数正态分布、Weibull 分布和 Johnson 分布等。

对数正态模型是地震易损性分析使用最广泛的分布模型，可表示为：

$$F_{\mathrm{R}}(x)=\Phi\left(\frac{\ln\left(\dfrac{x}{A_{\mathrm{R}}}\right)}{\beta_{\mathrm{R}}}\right) \tag{5-1}$$

式中，A_{R} 为抗震能力中位值；β_{R} 为抗震能力标准差。

Weibull 分布是地震易损性备选分布模型之一，可表示为：

$$F_{\mathrm{R}}(x)=1-\exp\left[-\left(\frac{x-\mu}{\sigma}\right)^{\gamma}\right] \tag{5-2}$$

式中，x 大于 μ；μ、σ 和 γ 为分布参数。

Johnson 分布也是地震易损性可选分布形式之一，也被称为修改的对数正态分布形式，可表示为：

$$F_R(x)=\Phi\left[\frac{\ln\left(\frac{x-x_{\min}}{x_{\max}-x}\right)-\lambda}{\zeta}\right] \tag{5-3}$$

式中，$x_{\min}$和 $x_{\max}$分别为 x 分布的下上限；λ 和 ζ 为分布参数。

由于具有使用方便且符合中心极限定理等优点，对数正态分布模型是现阶段运用最广泛的地震易损性分析模型[130]。

核电安全壳抗震能力模型可表示为[120,123-124]：

$$A=A_m e_R e_U \tag{5-4}$$

式中，A_m是抗震能力中位值；e_R和 e_U分别是代表本质不确定性和知识不确定性的随机变量，它们的中位值都为 1，标准差分别为 β_R和 β_U。

仅考虑本质不确定性的地震易损性模型可表示为[120,123-124]：

$$f_0=\Phi\left(\frac{\ln\left(\frac{a}{A_m}\right)}{\beta_R}\right) \tag{5-5}$$

式中，A_m是抗震能力中位值；β_R是表示本质不确定性的标准差。

同时考虑知识不确定性和本质不确定性的地震易损性模型可表示为两种形式：考虑置信度的地震易损性模型和平均值地震易损性模型。

考虑置信度的地震易损性模型可表示为[120,123-124]：

$$P_f'=\Phi\left(\frac{\ln\left(\frac{a}{A_m}\right)+\beta_U\Phi^{-1}(Q)}{\beta_R}\right) \tag{5-6}$$

式中，β_R是表示本质不确定性的标准差；β_U是表示知识不确定性的标准差；Q 为置信度参数。

平均值地震易损性模型可表示为[120,123-124]：

$$P_f=\Phi\left(\frac{\ln\left(\frac{a}{A_m}\right)}{\beta_C}\right)=\Phi\left(\frac{\ln\left(\frac{a}{A_m}\right)}{\sqrt{\beta_R^2+\beta_U^2}}\right) \tag{5-7}$$

式（5-6）为考虑置信度的地震易损性模型计算公式，在抗震安全评估中得到广泛应用。已有文献[157]基于“中位值的中位值”角度对模型公式进行了推导，但该推导过程仅仅体现了模型的部分内涵。本节基于“易损性的不确定性”角度对公式重新进行了推导，推导过程丰富了模型的内涵。

考虑置信度的地震易损性模型可以从“中位值的中位值”角度进行推导。推导思路是将仅考虑本质不确定性的易损性公式的中位值视为服从对数正态分布的随机变量，同样存在中位值和对数标准差。文献[157]基于上述思路进行了公式推导。为了更好引入本书“易损性的不确定性”的推导方式，简要介绍一下“中位值的中位值”易损性模型的推导思路。

首先，地震易损性模型公式可表示为：

$$P_{\mathrm{f}}=\Phi\left[\frac{\ln\left(\frac{a}{\bar{A}}\right)}{\beta_{\mathrm{R}}}\right] \tag{5-8}$$

式中，$\bar{A}$ 为地震易损性分布模型的中位值，同时也是一个随机变量，服从对数正态分布，可表示为：

$$\Phi\left[\frac{\ln\left(\frac{\bar{A}}{A_{\mathrm{m}}}\right)}{\beta_{\mathrm{U}}}\right]=1-Q \tag{5-9}$$

式中，Q 为置信度，那么 $1-Q$ 为失效概率。

式（5-9）经过等式变换，可得到中位值 $\bar{A}$ 的表达式：

$$\bar{A}=A_{\mathrm{m}}e^{-\beta_{\mathrm{U}}\Phi^{-1}(Q)} \tag{5-10}$$

将式（5-10）代入式（5-8），可推导得到考虑置信度的模型式（5-6）。

图 5-1 为地震易损性“中位值的中位值”概念的示意图[124]，由图 5-1（b）可发现，考虑知识不确定性的地震易损性模型中位值是一个变量。

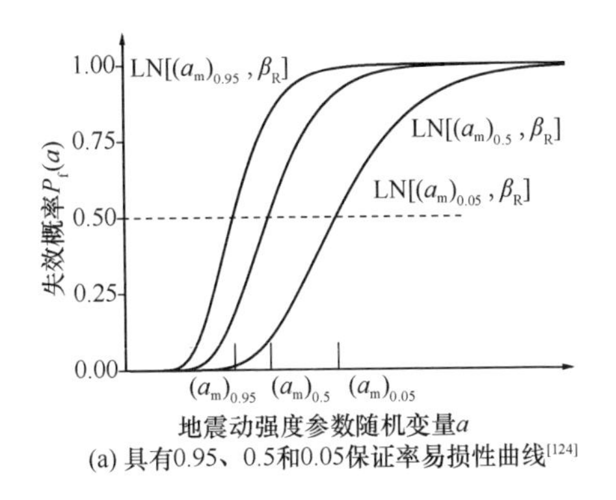

(a) 具有0.95、0.5和0.05保证率易损性曲线[124]

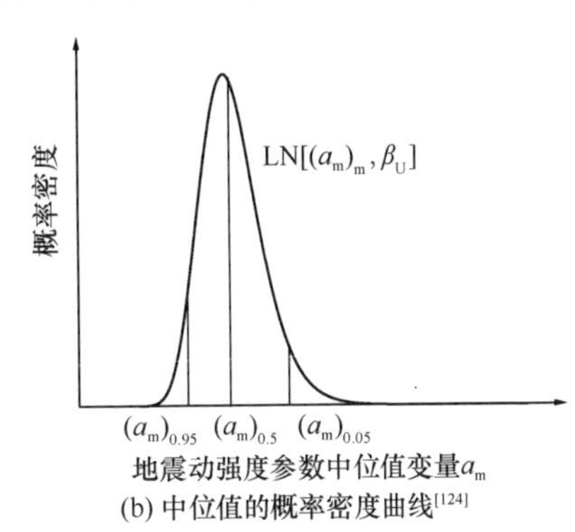

(b) 中位值的概率密度曲线[124]

图 5-1 “中位值的中位值”示意图[124]

基于“中位值的中位值”角度的公式推导仅仅体现了考虑置信度易损性模型的部分内涵，本节基于“易损性的不确定性”角度对公式重新进行了推导，推导过程丰富了模型公式的内涵。

首先，式（5-5）为仅考虑本质不确定性的失效概率计算公式，如果进一步考虑了知识不确定性，那么失效概率 P_{f} 为随机变量，可构造公式：

$$P[P_f \geqslant P'_f \mid a] = \Phi\left(\frac{\ln\left(\frac{a}{A_{P'_f}}\right)}{\beta_U}\right) = 1 - Q \tag{5-11}$$

式中，$A_{P'_f}$ 是 $P_f = P'_f$ 时的能力值。

当 $P_f = P'_f$ 时，$a = A_{P'_f}$，代入式（5-5），可得到：

$$P'_f = \Phi\left(\frac{\ln\left(\frac{A_{P'_f}}{A_m}\right)}{\beta_R}\right) \tag{5-12}$$

式（5-12）经进一步转化，可得到：

$$A_{P'_f} = A_m \cdot \exp(\beta_R \Phi^{-1}(P'_f)) \tag{5-13}$$

将式（5-13）代入式（5-11），可得到：

$$\Phi\left(\frac{\ln\left(\frac{a}{A_m \cdot \exp(\beta_R \Phi^{-1}(P'_f))}\right)}{\beta_U}\right) = 1 - Q \tag{5-14}$$

由于 $\Phi^{-1}(1-Q) = -\Phi^{-1}(Q)$，式（5-14）可进一步转化为：

$$\frac{\ln\left(\frac{a}{A_m \cdot \exp(\beta_R \Phi^{-1}(P'_f))}\right)}{\beta_U} = -\Phi^{-1}(Q) \tag{5-15}$$

式（5-15）经多次等式变换运算，可转化为考虑置信度的地震易损性模型式（5-6）。

上述推导过程将仅考虑本质不确定性的易损性失效概率视为随机变量，即从“易损性的不确定性”角度对公式进行推导，最终可得到考虑知识不确定性的地震易损性公式（5-6）。“易损性的不确定性”含义为：当进一步考虑知识不确定性时，仅考虑本质不确定性的易损性 P_f 是一个随机变量，那么随机变量 P_f 同样存在失效概率。

式（5-6）经过等式变换，可转化为：

$$P'_f = \Phi\left[\frac{\ln\left(\frac{a}{\left(\frac{A_m}{\exp[\beta_U \Phi^{-1}(Q)]}\right)}\right)}{\beta_R}\right] \tag{5-16}$$

进一步整理式（5-16），可得到：

$$P'_f = \Phi\left[\frac{\ln\left(\frac{a}{\tilde{A}_m}\right)}{\beta_R}\right] \tag{5-17}$$

式中，$\tilde{A}_m$ 可表示为：

$$\tilde{A}_m = \frac{A_m}{\exp[\beta_U \Phi^{-1}(Q)]} \tag{5-18}$$

图 5-2[5] 为平均值地震易损性和考虑置信度的地震易损性曲线示例，包括具有 95％置信度、中位值、平均值和具有 5％置信度地震易损性曲线。式（5-17)、式（5-18）和图 5-2 表明：本质不确定性和知识不确定性对失效概率 P_f 有不同影响，本质不确定性标准差 β_R 影响易损性的倾斜程度，β_R 越大，倾斜程度越大；知识不确定性标准差 β_U 影响易损性曲线中位值 A_m 的分布，A_m 是服从对数标准差为 β_U 的对数正态分布的随机变量。

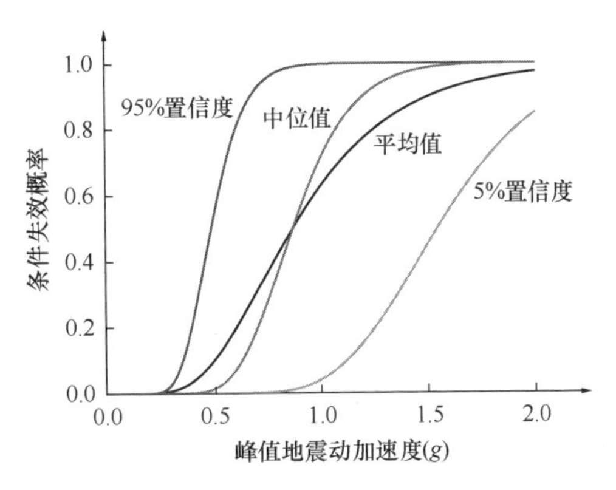

图 5-2 平均值、中位值、5％和 95％置信度易损性曲线[5]

式（5-6）经过等式变换，可得到：

$$Q=\Phi\left[\frac{\ln\left[\frac{\exp\left[\Phi^{-1}(P'_f)\cdot\beta_R\right]\cdot A_m}{a}\right]}{\beta_U}\right] \tag{5-19}$$

式中：P'_f 为随机变量，其他参数取确定性数值。

式（5-19）中变量按文献[124]中算例取值：$A_m=0.87g$、$\beta_U=0.35$ 和 $\beta_R=0.25$，则 a 与 P'_f 关系见图 5-3（a），a 取四个常数，失效概率与置信度关系见图 5-3（b）。分析结果表明：具有置信度的易损性模型的失效概率与置信度大小成正比，失效概率越大，置信度越高，或者置信度越高，失效概率越大。

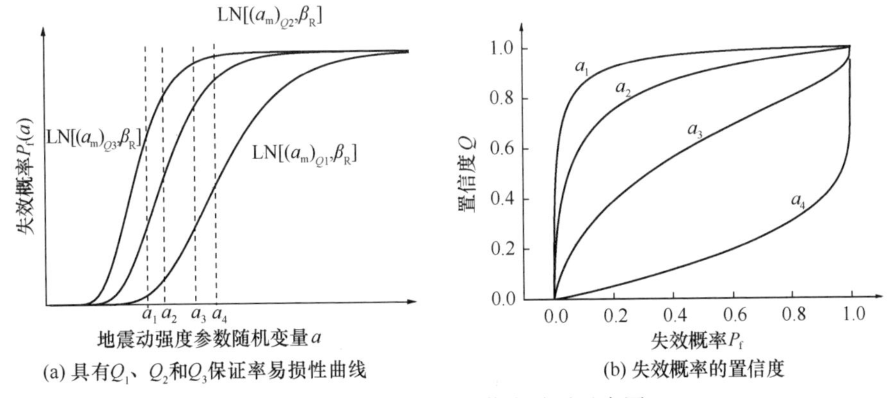

图 5-3 失效概率与置信度关系示意图

平均值地震易损性模型在美国独立电厂地震安全检查（IPEEE）等项目中得到广泛应用，本节总结了平均值地震易损性模型的理论基础。

当假设随机变量 X_1，X_2，X_3……X_N 相互独立并服从对数正态分布，分布形式可表示为：$LN(\bar{x}_1, \beta_1)$，$LN(\bar{x}_2, \beta_2)$，$LN(\bar{x}_3, \beta_3)$，…，$LN(\bar{x}_N, \beta_N)$，上述随机变量乘积可表示为 $X = X_1 X_2 X_3 \cdots X_N$，那么 X 同样服从对数正态分布 $LN(\bar{x}, \beta)$，则 $\bar{x}$ 和 β 可分别表示为：

$$\bar{x} = \bar{x}_1 \bar{x}_2 \bar{x}_3 \cdots \bar{x}_n \tag{5-20}$$

$$\beta^2 = \beta_1^2 + \beta_2^2 + \beta_3^2 + \cdots + \beta_n^2 \tag{5-21}$$

式中，$\bar{x}$，$\bar{x}_1$，$\bar{x}_2$，$\bar{x}_3$，…，$\bar{x}_n$ 为随机变量 X，X_1，X_2，X_3，…，X_N 的中位值；β，β_1，β_2，β_3，…，β_n 是随机变量 X，X_1，X_2，X_3，…，X_N 的对数标准差。

利用对数正态分布的性质［式（5-20）和式（5-21）］，假设式（5-4）中的 e_R 和 e_U 相互独立，那么式（5-4）中的抗震能力 A 的中位值可表示为 A_m，标准差为 $\sqrt{\beta_R^2 + \beta_U^2}$，可推导得到平均值地震易损性分析计算公式（5-7）。

平均值地震易损性模型式（5-7）需要假设表示两类不确定性的随机变量相互独立，而式（5-6）的推导过程没有相互独立的假定，为了推导平均值易损性模型所具有的置信度。取式（5-7）等于式（5-6），则可得到平均值地震易损性模型的置信度函数为：

$$Q = \Phi\left[\frac{\ln(a) - \ln(A_m)}{\left[\dfrac{\beta_U \sqrt{\beta_R^2 + \beta_U^2}}{\beta_R - \sqrt{\beta_R^2 + \beta_U^2}}\right]}\right] = \Phi\left[\frac{\ln(a) - \ln(A_m)}{\beta}\right] \tag{5-22}$$

式中，$\beta = \dfrac{\beta_U \sqrt{\beta_R^2 + \beta_U^2}}{\beta_R - \sqrt{\beta_R^2 + \beta_U^2}}$，且 β 是个负数。

由平均值地震易损性的置信度函数式（5-22），可发现：随着地震输入强度 a 值增大，模型的置信度 Q 值变小。

5.3 核电安全壳高置信度低失效概率值分析

抗震裕量评估（Seismic Margin Assessment，SMA）和概率地震风险评估（Seismic Probability Risk Analysis，SPRA）目标之一是计算高置信度低失效概率值（High Confidence of Low Probability of Failure，HCLPF），HCLPF 用于表示核电厂结构、系统和部件的抗震能力。

HCLPF 值有两种定义方式：1）具有 95%置信度的易损性曲线上对应 5%失效概率的能力值；2）平均值地震易损性曲线上对应 1%失效概率的能力值。

HCLPF 值的第一种定义方式可表示为：

$$\mathrm{HCLPF}_{5\%}=a_{\mathrm{m}}e^{\Phi(0.05)\beta_{\mathrm{R}}-\Phi(0.95)\beta_{\mathrm{U}}}=a_{\mathrm{m}}e^{-1.65(\beta_{\mathrm{R}}+\beta_{\mathrm{U}})} \tag{5-23}$$

HCLPF 值的第二种定义方式可表示为：

$$\mathrm{HCLPF}_{1\%}=a_{\mathrm{m}}e^{\Phi(0.01)\sqrt{\beta_{\mathrm{R}}^{2}+\beta_{\mathrm{U}}^{2}}}=a_{\mathrm{m}}e^{-2.3\sqrt{\beta_{\mathrm{R}}^{2}+\beta_{\mathrm{U}}^{2}}}=a_{\mathrm{m}}e^{-2.3\beta_{\mathrm{C}}} \tag{5-24}$$

HCLPF 两种定义的关系需要进一步去探究。本节首先通过具体算例初步认识两者关系。算例的参数值：$A_m=0.87g$、$\beta_{\mathrm{U}}=0.35$ 和 $\beta_{\mathrm{R}}=0.25$，基于式（5-23）和式（5-24），可分别得到 $\mathrm{HCLPF}_{5\%}=0.323g$、$\mathrm{HCLPF}_{1\%}=0.323g$，算例中两种定义方式得到的 HCLPF 结果一致。下面从公式推导和绘图两种方式，进一步探究两种定义方式的相互关系。

HCLPF 值的第二种定义方式中的失效概率定义为未知数 P_{f}，则基于平均值易损性模型上某失效概率 P_{f}值的 HCLPF 可表示为：

$$\mathrm{HCLPF}_{P_{\mathrm{f}}}=a_{\mathrm{m}}e^{\Phi(P_{\mathrm{f}})\sqrt{\beta_{\mathrm{R}}^{2}+\beta_{\mathrm{U}}^{2}}} \tag{5-25}$$

如果式（5-23）与式（5-25）取相等，未知数 P_{f}可表示为：

$$P_{\mathrm{f}}=\Phi^{-1}\left[\frac{\Phi(0.05)\cdot(\beta_{\mathrm{R}}+\beta_{\mathrm{U}})}{\sqrt{\beta_{\mathrm{R}}^{2}+\beta_{\mathrm{U}}^{2}}}\right] \tag{5-26}$$

当取 $\beta_{\mathrm{R}}=\beta_{\mathrm{U}}$ 时，式（5-26）可进一步转化为：

$$\begin{aligned}P_{\mathrm{f}}&=\Phi^{-1}\left[\frac{\Phi(0.05)\cdot(\beta_{\mathrm{R}}+\beta_{\mathrm{U}})}{\sqrt{\beta_{\mathrm{R}}^{2}+\beta_{\mathrm{U}}^{2}}}\right]\\&=\Phi^{-1}\left(\frac{2\cdot\Phi(0.05)}{\sqrt{2}}\right)\approx0.01\end{aligned} \tag{5-27}$$

从上述推导过程可知：当两类不确定性近似相等时，平均值易损性模型上 1%失效概率对应的能力值与 95%置信度易损性曲线上 5%失效概率对应能力值近似相等。式（5-26）表示了平均值地震易损性曲线上失效概率 P_{f} 与 β_{R} 和 β_{U} 的相互关系，三个变量相互关系如图 5-4 所示。

图 5-4 表明：β_{R} 和 β_{U} 取值范围为 0～1，计算得到的 P_{f}的结果为 0.01～0.05，当 β_{R} 和 β_{U} 近似相等时，P_{f}的取值近似为 0.01，即平均值地震易损性曲线上 1%失效概率对应的抗震能力值与 95%置信度曲线上 5%失效概率对应的抗震能力值近似相等。

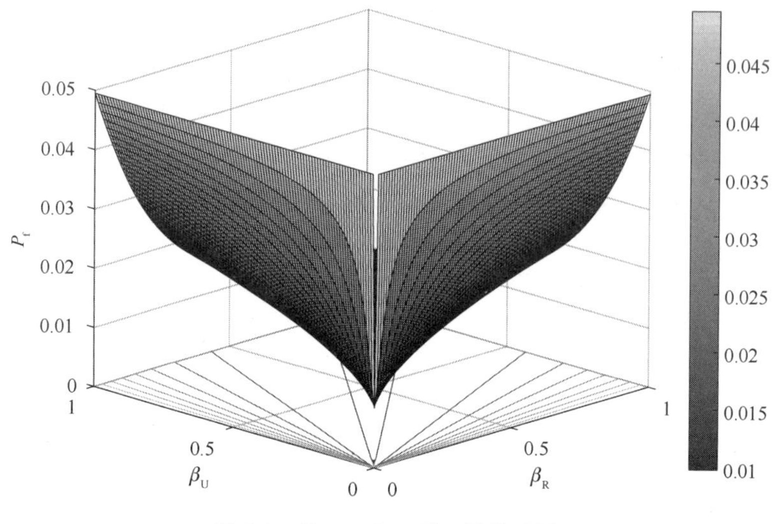

图 5-4 P_f、β_U和β_R的三维关系图

5.4 基于安全系数法的核电安全壳地震易损性分析

5.4.1 安全系数法的基本原理

安全系数法[121,122,125]是核工程领域常用的地震易损性分析方法。结构的抗震能力可以表示为能力中位值和两类不确定性的乘积[121]：

$$A = A_m e_R e_U \tag{5-28}$$

式中，A_m为抗震能力中位值；e_R和e_U分别为表示本质不确定性和知识不确定性的随机变量，中位值都为1，对数标准差分别为β_R和β_U。

安全系数法中结构的抗震能力可以进一步表示为[121]：

$$A = F \cdot A_{SSE} \tag{5-29}$$

式中，A_{SSE}是结构的抗震设计能力，通常表示为安全停堆地震（Safety Shutdown Earthquake，SSE）下结构抗震设计能力，我国的SSE级地震通常取万年一遇的地震动强度水准；F是安全系数。

基于式（5-29），结构的抗震能力评估可以进一步转化为对安全系数F的评估。安全系数F可进一步表示为各种系数的乘积。对于结构的评估，安全系数可以表示为[121]：

$$F = F_S \cdot F_\mu \cdot F_{RS} \tag{5-30}$$

式中，F_S是强度系数；F_μ是塑性能吸收系数；F_{RS}是结构响应系数。

强度系数计算公式可表示为[121]：

$$F_{S}=\frac{S-R_{N}}{R_{T}-R_{N}} \tag{5-31}$$

式中，S 是单元某失效模式下的抗震能力；R_N 是某失效模式下单元在非地震荷载下的响应；R_T 是某失效模式下单元在包括地震荷载在内的所有荷载作用下的响应。

塑性能吸收系数可表示为[125]：

$$F_{\mu}=(\rho\mu-q)^{r} \tag{5-32}$$

式中，$\rho=q+1$；$q=3.00\delta^{-0.30}$；$r=0.48\delta^{-0.08}$；μ 是系统延性；δ 是临近阻尼。

结构响应系数可表示为[121]：

$$F_{RS}=F_{SA}\cdot F_{SD}\cdot F_{M}\cdot F_{MC}\cdot F_{\delta}\cdot F_{EC}\cdot F_{SSI} \tag{5-33}$$

式中，F_{SA} 是谱型和地震动系数；F_{SD} 是表示输入地震动随深度折减系数；F_M 是模型建模系数；F_{MC} 是模态组合系数；F_{δ} 是阻尼系数；F_{EC} 是地震分量的组合系数；F_{SSI} 表示土-结相互作用系数。

安全系数 F 通常可以假设服从对数正态分布，那么安全系数的中位值和标准差可分别表示为[121]：

$$\bar{F}=\bar{F}_{S}\cdot\bar{F}_{\mu}\cdot\bar{F}_{RS} \tag{5-34}$$

$$\beta_{F}=\sqrt{\beta_{F_S}^{2}+\beta_{F_{\mu}}^{2}+\beta_{F_{RS}}^{2}} \tag{5-35}$$

结构响应系数 F_{RS} 的中位值和标准差可进一步表示为[121]：

$$\bar{F}_{RS}=\bar{F}_{SA}\cdot\bar{F}_{SD}\cdot\bar{F}_{M}\cdot\bar{F}_{MC}\cdot\bar{F}_{\delta}\cdot\bar{F}_{EC}\cdot\bar{F}_{SSI} \tag{5-36}$$

$$\beta_{F_{RS}}=\sqrt{\beta_{F_{SA}}^{2}+\beta_{F_{SD}}^{2}+\beta_{F_{M}}^{2}+\beta_{F_{MC}}^{2}+\beta_{F_{\delta}}^{2}+\beta_{F_{EC}}^{2}+\beta_{F_{SSI}}^{2}} \tag{5-37}$$

5.4.2 数据来源与分析策略

地震易损性“安全系数法”中组合系数通常可由多个数据源确定，包括：试验地震易损性数据、设计分析地震易损性数据、专家判断地震易损性数据、解析地震易损性数据、经验地震易损性数据和混合地震易损性数据等。本章基于混合地震易损性数据源分析安全壳地震易损性，包括：解析地震易损性数据和经验地震易损性数据。经验地震易损性分析数据可通过查阅相关文献获得，文献[121]和文献[125]给出了经验地震易损性数据，包括式（5-34）、式（5-35）、式（5-36）和式（5-37）中相应系数的中位值、随机性 β_R 和不确定性 β_U 的经验取值范围，见表 5-1。

经验地震易损性数据[121,125] **表 5-1**

参数	中位值	随机性 β_R	不确定性 β_U
设计响应谱，F_{SA}	1.2-1.4	0.16-0.22	0.08-0.11
阻尼影响，F_{δ}	1.2-1.4	0.05-0.10	0.05-0.10
建模影响，F_M	1.0	0	0.12-0.18
模态组合，F_{MC}	1.0	0.10-0.20	0
部件组合，F_{EC}	1.0	0.10-0.20	0
土-结相互作用，F_{SSI}	1.1-1.5	0.02-0.06	0.10-0.24
不同深度地震动输入，F_{SD}	1.0	0	0
安全系数，F_S	1.2-2.5	0.06-0.12	0.12-0.18
塑性能吸收系数，F_{μ}	1.50-1.75	0.08-0.14	0.18-0.26

由于本书设计响应谱采用场地相关谱，并且本书安全壳不考虑塑性能吸收能力，所以组合系数中 F_{SA} 和 F_{μ} 的中位值都取 1，两类不确定性都取 0。本章安全壳地震易损性分析分别考虑两类地震输入形式：1）场地相关谱；2）基于场地相关谱选取和调整的地震动记录。基于上述两类地震输入形式，本书运用下述两种分析策略实现基于安全系数法的安全壳地震易损性分析。

分析策略Ⅰ：基于场地相关谱，运用振型分解反应谱法，计算强度系数 F_S 的中位值，安全系数法中其他系数采用经验地震易损性数据，最终生成地震易损性曲线并计算 HCLPF 值。

分析策略Ⅱ：基于场地相关谱选取的地震动记录，进行安全壳增量动力分析，计算强度系数 F_S 的中位值和本质不确定性标准差 β_R，安全系数法中其他参数采用经验地震易损性数据，最终生成地震易损性曲线并计算 HCLPF 值。

5.5 核电安全壳的力学模型与地震响应分析

5.5.1 核电安全壳的集中质量梁单元模型

安全壳是核电厂最后一道防线，作用是防止事故发生后核辐射燃料泄露到周围环境，所以其在事故荷载作用下保持完整性的能力受到高度重视。图 5-5（a）为某反应堆厂房剖面图，包括：安全壳、内部结构和筏板基础，李忠诚[158]将如图 5-5（a）所示的某反应堆厂房三维模型等效为集中质量梁单元模型，其中筏板基础和安全壳的集中质量梁单元模型见图 5-5（b）[158]，模型的节点和单元信息分别见表 5-2[158]，材料参数见表 5-3[158]。

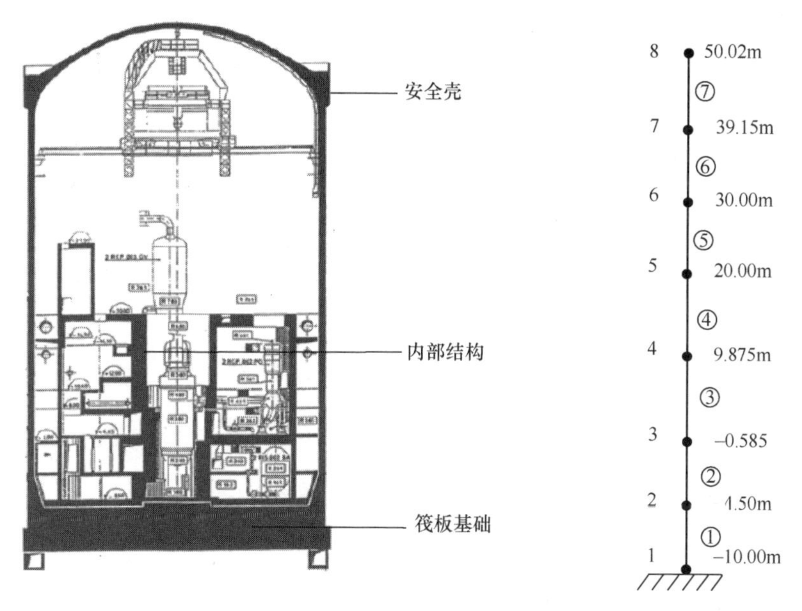

(a) 某核反应堆厂房剖面图[158]　　(b) 安全壳和筏板基础集中质量梁单元模型[158]

图 5-5　某反应堆厂房剖面图、安全壳和筏板基础集中质量梁单元模型[158]

安全壳和筏板基础集中质量梁单元模型节点和单元[158]　　表 5-2

节点号	质量/ 10^3kg	转动惯量/ 10^6kg·m²		梁单元号	横截面积/ m²	惯性矩/ m⁴	剪切系数	剪切面积/ m²
		$J_{XX}=J_{YY}$	J_{ZZ}		$J_{XX}=J_{YY}$	$a_x=a_y$	$S_{ax}=S_{ay}$	$S_{ax}=S_{ay}$
1	8425	843	1643	①	1204	115436	1.11	1084.7
2	13420	1260	1931	②	176	30570	2	88.0
3	2288	424	824	③	107	19241	2	53.5
4	3033	568	1087	④	107	19241	2	53.5
5	2960	554	1063	⑤	107	19241	2	53.5
6	2960	554	1063	⑥	107	19241	2	53.5
7	3068	562	1081	⑦	107	19241	2	53.5

材料参数[158]　　表 5-3

材料	动态弹性模量/ $(N \cdot m^{-2})$	剪切模量/ $(N \cdot m^{-2})$	泊松比	密度/ $(kg \cdot m^{-3})$	阻尼比/%
混凝土	4.0×10^{10}	1.6×10^{10}	0.2	2500.0	7.0
钢	2.1×10^{11}	8.1×10^{10}	0.3	7800.0	4.0

5.5.2 核电安全壳地震响应分析

1. 核电安全壳的模态分析

本章基于 OpenSees 进行安全壳集中质量梁单元模型建模，采用 ElasticTimoshenkoBeam 单元，该单元可以模拟剪切刚度。首先进行模型的模态分析，模态分析结果见表 5-4，安全壳简化模型单向平动起控制作用的第一周期和第二周期分别为 0.225s 和 0.068s，模态质量分别为 0.328 和 0.067。目标谱中与两个周期相近的周期分别为 0.24s 和 0.07s。

安全壳结构集中质量梁单元模型模态分析　　表 5-4

振型模态	频率	周期	模态质量（X 向平动）	模态质量（Y 向平动）	模态质量（Z 向平动）
1	4.439	0.225	0.106	0.328	0.000
2	4.439	0.225	0.328	0.106	0.000
3	9.435	0.105	0.000	0.000	0.000
4	13.732	0.072	0.000	0.000	0.507
5	14.571	0.068	0.067	0.044	0.000
6	14.571	0.068	0.044	0.067	0.000
7	24.782	0.040	0.003	0.005	0.000
8	24.782	0.040	0.005	0.003	0.000
9	28.413	0.035	0.000	0.000	0.000
10	30.718	0.032	0.007	0.018	0.000

2. 核电安全壳的失效定义

安全壳失效模式通常由剪力控制。安全壳结构的剪应力-剪应变骨架曲线可表示成三线性骨架曲线形式[159]，如图 5-6 所示。因为安全壳结构是核电厂最后一道安全屏障，其保持完整性能力对防止放射性物质泄漏具有重要作用，所以本书假定安全壳一旦处于非线性状态就被认为已经失效。本书取安全壳三线性骨架曲线第一个拐点处的剪应力值为剪应力极限值，可表示为[159]：

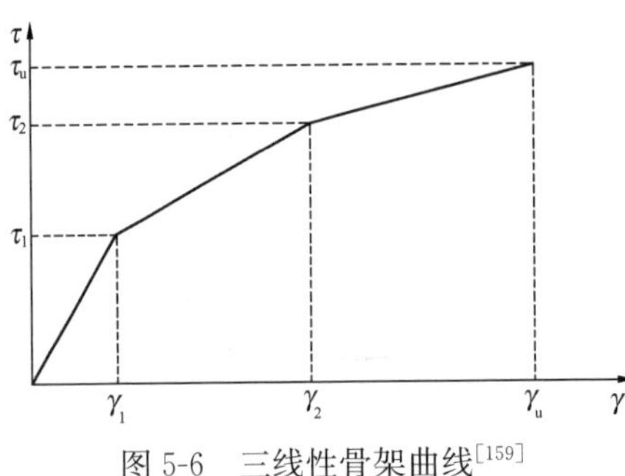

图 5-6　三线性骨架曲线[159]

$$\tau_1 = \sqrt{\sqrt{F_C}(\sqrt{F_C} + \sigma_V)} \tag{5-38}$$

式中，F_C 为混凝土抗压强度，σ_V

为竖向压应力。

3. 核电安全壳地震响应的振型分解反应谱分析

基于第 4 章生成的场地相关谱，进行安全壳振型分解反应谱分析，振型组合方式分别选用 SRSS 法和 CQC 法，分析程序采用 Simon 等[160]开发的振型分解反应谱分析 OpenSees 程序，分析结果见表 5-5 和表 5-6，结果用剪应力能力值与需求值之比表示。分析结果表明：安全壳集中质量梁单元模型中单元③是薄弱环节。通常情况下，安全壳与筏板基础连接处受力最大，但此处安全壳截面面积大于上部截面面积，剪应力反而较小，导致相对于单元③来说，单元②并不是最薄弱环节。表 5-5 和表 5-6 分别是采用 SRSS 和 CQC 振型组合方法计算得到的结果，可发现 SRSS 方法高估了安全壳的抗震能力，所以本书采用 CQC 振型组合方法计算的结果。

安全壳基于不同场地相关谱的振型分解反应谱法分析

（采用 SRSS 组合方法） 表 5-5

目标谱	单元剪应力能力值与剪应力需求值之比（R_{shear}/S_{shear}）					
	单元②	单元③	单元④	单元⑤	单元⑥	单元⑦
CMS T^* =0.07s	13.80	8.81	9.13	9.98	11.75	15.82
CMS T^* =0.24s	11.82	7.52	7.77	8.46	9.97	13.48
UHS	11.40	7.27	7.52	8.21	9.67	13.04
URS	10.31	6.57	6.79	7.41	8.73	11.78
CUHS T^* =0.24s	11.20	7.13	7.37	8.03	9.47	12.79
GCMS-Ⅰ	11.38	7.25	7.51	8.19	9.64	13.01
GCMS-Ⅱ	14.06	8.96	9.28	10.13	11.93	16.08

安全壳基于不同场地相关谱的振型分解反应谱法分析

（采用 CQC 组合方法） 表 5-6

目标谱	单元剪应力能力值与剪应力需求值之比（R_{shear}/S_{shear}）					
	单元②	单元③	单元④	单元⑤	单元⑥	单元⑦
CMS T^* =0.07s	10.93	6.97	7.24	7.91	9.32	12.55
CMS T^* =0.24s	9.37	5.96	6.16	6.71	7.91	10.69
UHS	9.04	5.76	5.96	6.51	7.67	10.34
URS	8.17	5.20	5.39	5.88	6.93	9.35
CUHS T^* =0.24s	8.88	5.65	5.85	6.37	7.51	10.15
GCMS-Ⅰ	9.02	5.74	5.95	6.50	7.65	10.32
GCMS-Ⅱ	11.14	7.10	7.36	8.03	9.47	12.76

4. 核电安全壳地震响应的动力时程分析

第 4 章得到了基于条件谱和广义条件谱为目标谱选取和调整的地震动记录集合，基于上述选取出的地震动记录集合，进行安全壳在相应地震动作用下的抗震响应分析，分析结果见表 5-7～表 5-9 和图 5-7。表 5-7～表 5-9 分别为不同地震动记录集合作用下单元剪应力能力值与需求值之比的中位值、84%分位值和 16%分位值。可发现：安全壳集中质量梁单元模型中单元③是薄弱环节，计算得到的能力值与需求值之比最小，与上文振型分解反应谱分析结果一致。图 5-7 为安全壳在不同地震动集合作用下地震响应的范围值，可发现：基于条件周期为 0.07s 的 CS 选取和调整的地震动集合进行安全壳地震响应分析的离散性最大，其他地震动集合进行安全壳地震响应分析的离散性较小。

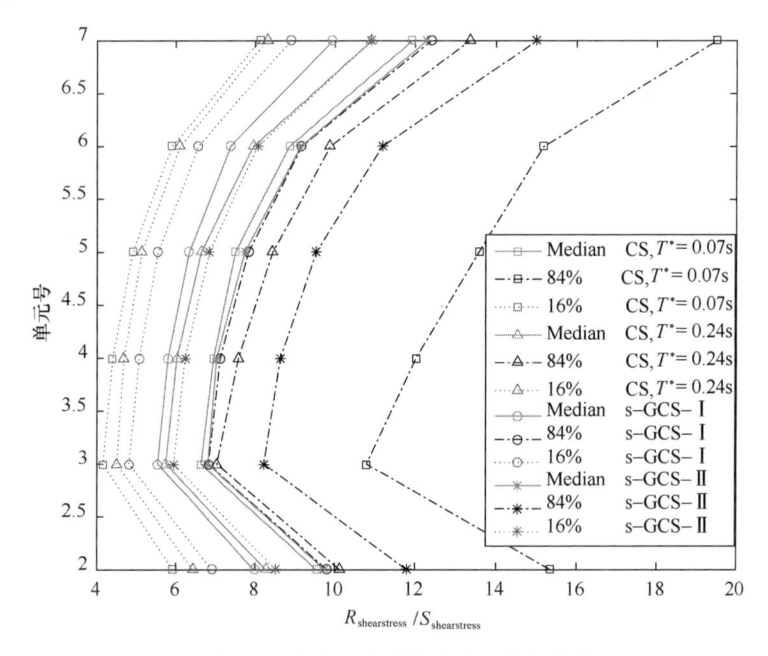

图 5-7　安全壳地震动集合时程分析结果

安全壳基于不同地震动集的时程分析　　表 5-7

地震动集合	单元剪应力能力值与剪应力需求值之比的中位值（$R_{\text{shear}}/S_{\text{shear}}$）					
	单元②	单元③	单元④	单元⑤	单元⑥	单元⑦
CS，T^* =0.07s	9.5408	6.6413	6.9547	7.5119	8.8471	11.9268
CS，T^* =0.24s	8.2693	5.7479	6.0207	6.6351	7.9586	10.9181

续表

地震动集合	单元剪应力能力值与剪应力需求值之比的中位值（R_{shear}/S_{shear}）					
	单元②	单元③	单元④	单元⑤	单元⑥	单元⑦
GCS-Ⅰ	7.9855	5.5441	5.8017	6.3296	7.3893	9.9310
GCS-Ⅱ	9.7555	6.8118	7.0344	7.7488	9.1278	12.2894

安全壳基于不同地震动集合的时程分析　　　　表 5-8

地震动集合	单元剪应力能力值与剪应力需求值之比的 84％分位值（R_{shear}/S_{shear}）					
	单元②	单元③	单元④	单元⑤	单元⑥	单元⑦
CS，$T^*=0.07$s	15.3535	10.7975	12.0249	13.5736	15.1779	19.4890
CS，$T^*=0.24$s	10.1292	7.0452	7.5923	8.4354	9.8787	13.3407
GCS-Ⅰ	9.8059	6.8292	7.1258	7.8386	9.1534	12.3938
GCS-Ⅱ	11.8017	8.2210	8.6265	9.5262	11.1838	15.0032

安全壳基于不同地震动集合的时程分析　　　　表 5-9

地震动集合	单元剪应力能力值与剪应力需求值之比的 16％分位值（R_{shear}/S_{shear}）					
	单元②	单元③	单元④	单元⑤	单元⑥	单元⑦
CS，$T^*=0.07$s	5.9276	4.1537	4.4030	4.9076	5.9010	8.1242
CS，$T^*=0.24$s	6.4276	4.5027	4.6883	5.1438	6.1005	8.2994
GCS-Ⅰ	6.9137	4.8183	5.0798	5.5551	6.5606	8.8892
GCS-Ⅱ	8.5229	5.9423	6.2294	6.8410	8.0666	10.9079

5.6 核电安全壳的地震易损性分析

5.6.1 策略Ⅰ结果

式（5-30）中能力系数 F_S 基于振型分解反应谱法计算，取表 5-6 中安全壳各个单元剪应力能力与需求之比的最小值，A_{SSE} 分别取目标谱上 Sa(0.07s)和 Sa(0.24s)的强度值，其他参数采用经验易损性数据，取表 5-1 中经验范围值的中位值，最后分别得到基于不同场地目标谱的地震易损性曲线和高置信度低失效概率值，见图 5-8、图 5-9 和表 5-10，其中图 5-8 和图 5-9 分别是以 Sa(0.07s)和 Sa(0.24s)为强度参数的地震易损性和高置信度低失效概率值结果。

可发现：基于 UHS 和 URS 计算的 HCLPF 值较小，计算结果较 CMS 更为保守；GCMS-Ⅰ计算的 HCLPF 略小于 UHS 计算的结果，两者结果十

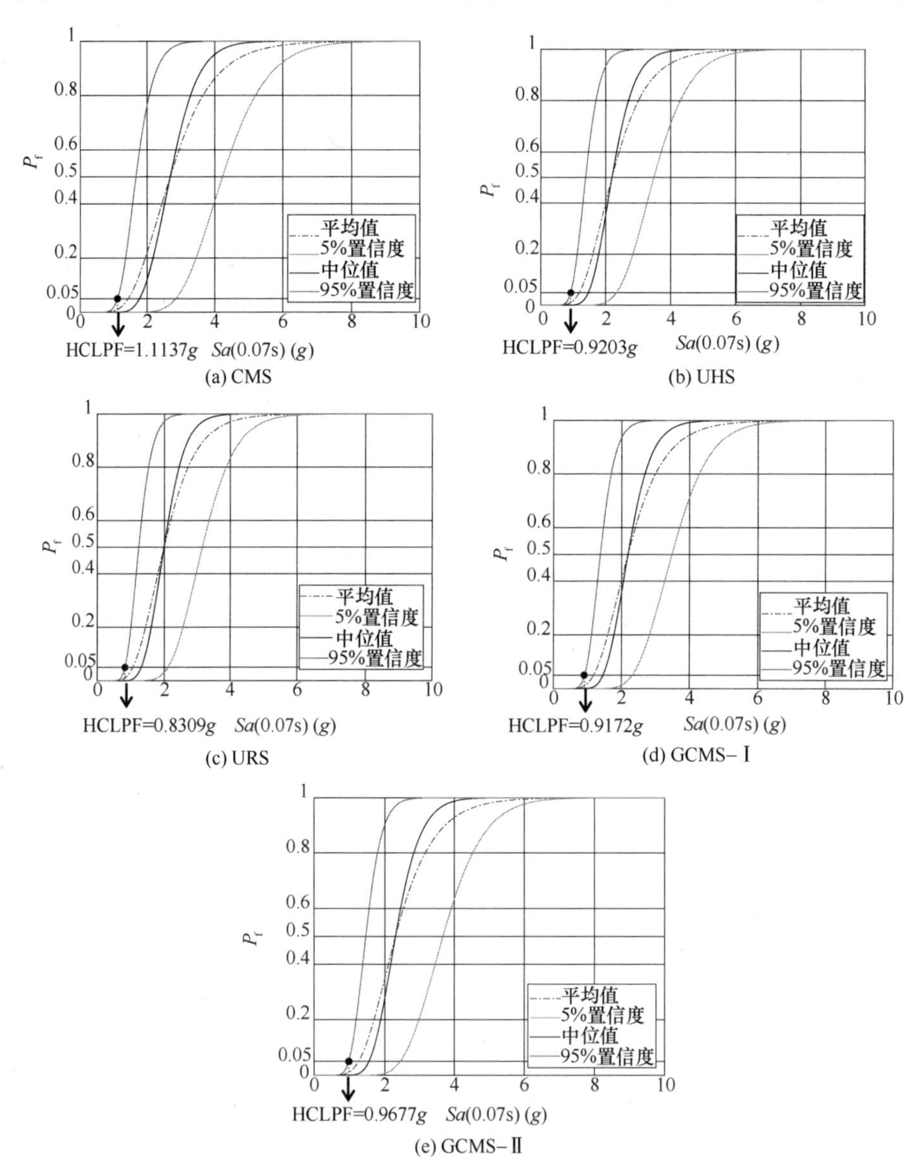

图 5-8 以 Sa（0.07s）为强度参数值的安全壳地震易损性曲线和高置信低失效概率值

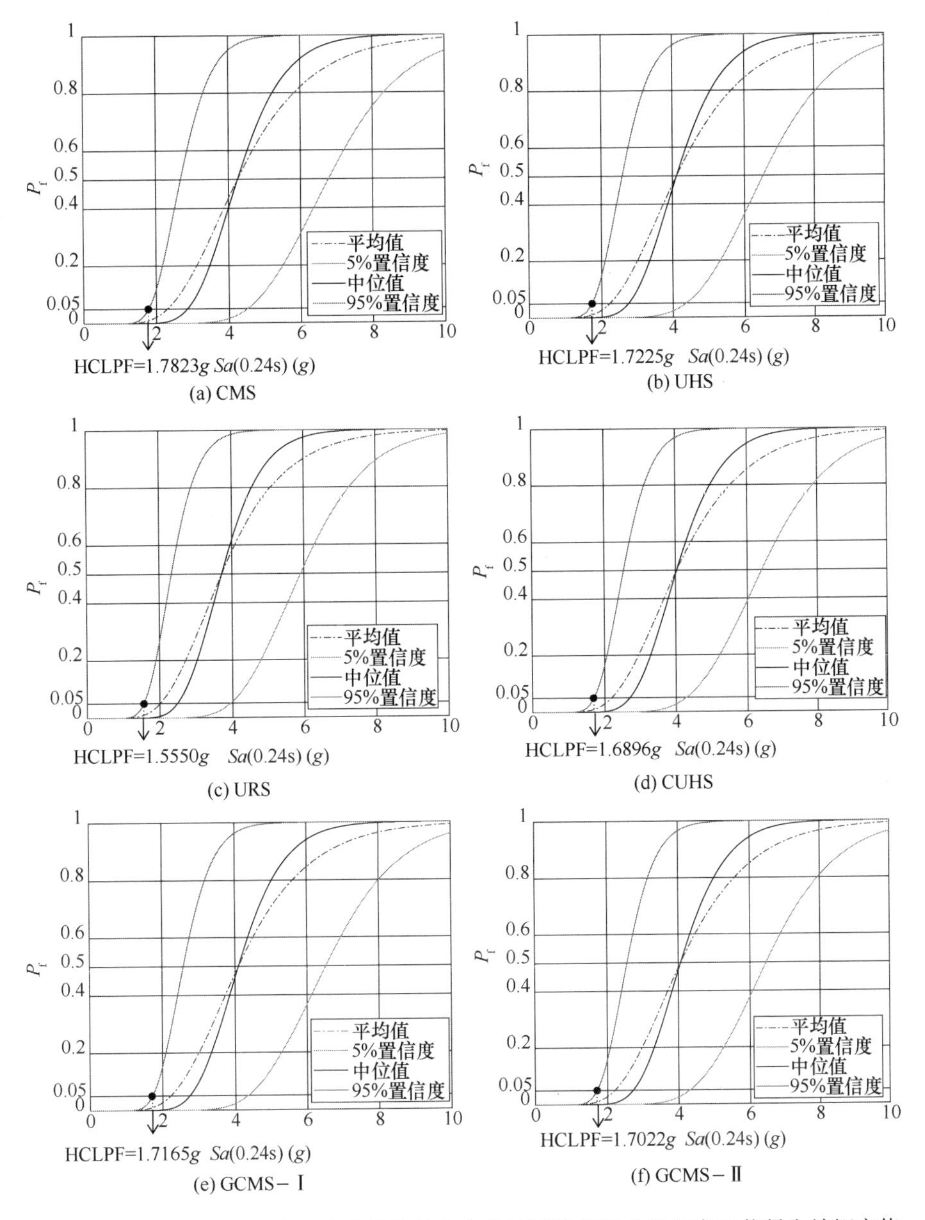

图 5-9 以 *Sa*（0.24s）为强度参数值的安全壳地震易损性曲线和高置信低失效概率值

分接近，由于 GCMS-Ⅰ是所有条件周期 CMS 的涵盖谱，所以在条件周期附近，强度参数值与 UHS 相当，有些情况下 GCMS-Ⅰ强度参数值可能会略大于 UHS（本书生成的谱就是这种情况），对于第一振型敏感的安全壳结构，GCMS-Ⅰ对安全壳抗震能力影响更大；与GCMS-Ⅰ情况类似，CUHS计算的HCLPF值要小于UHS，计算结果较UHS更为保守，虽然CUHS在远离条件周期的强度参数值明显小于UHS，但在条件周期附近，条件参数值与UHS非常接近，甚至大于UHS值（本书生成的谱就是这种情况），对于安全壳这类第一振型敏感的结构，CUHS对安全壳抗震能力影响更大；GCMS-Ⅱ在以 $Sa(0.07s)$ 为强度参数计算的HCLPF大于UHS和GCMS-Ⅰ结果，而以 $Sa(0.24s)$ 为强度参数计算的HCLPF小于UHS和GCMS-Ⅰ结果。

基于策略Ⅰ计算的HCLPF值 **表5-10**

强度参数	基于策略Ⅰ计算的HCLPF值（g）					
	CMS	UHS	URS	GCMS-Ⅰ	GCMS-Ⅱ	CUHS
$Sa(0.07s)$	1.1137	0.9203	0.8309	0.9172	0.9677	/
$Sa(0.24s)$	1.7823	1.7225	1.5550	1.7165	1.7022	1.6896

5.6.2 策略Ⅱ结果

通常增量动力分析方法是分析结构抗倒塌能力易损性的常用方法[161]，本书将增量动力分析方法运用在安全壳失去弹性状态的能力易损性分析。本书的增量动力分析与抗倒塌非线性增量动力分析不同，动力分析过程中，安全壳一直处于弹性状态，在达到非线性状态时，分析过程停止。当安全壳达到非线性状态时，安全壳剪切应力R/S值为1，统计地震动强度参数值大小，进而评估安全壳失去弹性状态的能力易损性函数。基于增量动力分析结果，易损性函数的中位值和标准差的估计值可分别表示为[161]：

$$\hat{\theta}=\exp\left(\frac{1}{n}\sum_{i=1}^{n}\ln IM_i\right) \tag{5-39}$$

$$\hat{\beta}=\sqrt{\frac{1}{n-1}\sum_{i=1}^{n}(\ln(IM_i/\hat{\theta}))^2} \tag{5-40}$$

式中，n 为考虑的地震动数量；IM_i 为第 i 个导致安全壳处于非线性的 IM 值。

基于选取的地震动集合，进行安全壳增量动力分析，分析结果如图5-10（a）、图5-11（a）、图5-12（a）、图5-13（a）、图5-14（a）和图5-15（a）所示，基于公式（5-39）和公式（5-40）计算了安全壳能力易损性函数的中位值和标准差及其分布，分别见表 5-11、图 5-10（b）、图 5-11（b）、图 5-12（b）、图 5-13（b）、图 5-14（b）和图 5-15（b）。本书作者认为，上述增量动力分析相当于安全系数法中安全系数 F 只考虑了 F_S 系数的易损性分析结果，安全系数法与增量动力分析所得结果对比，如图 5-10（c）、图 5-11（c）、图 5-12（c）、图 5-13（c）、图 5-14（c）和图 5-15（c）所示，可发现：传统安全系数法的标准差要小于增量动力分析的标准差，中位值较为接近。响应系数和所有知识不确定性标准差采用表 5-1 经验数据，结合增量动力分析得到强度参数的中位值和本质不确定性标准差，可以生成安全壳的地震易损性曲线和高置信度低失效概率值，见图 5-10（d）、图 5-11（d）、图 5-12（d）、图 5-13（d）、图 5-14（d）、图 5-15（d）和表 5-12。可发现：基于策略Ⅱ得到的 HCLPF 值要小于策略Ⅰ得到的 HCLPF 值，即策略Ⅰ方法较策略Ⅱ方法保守。

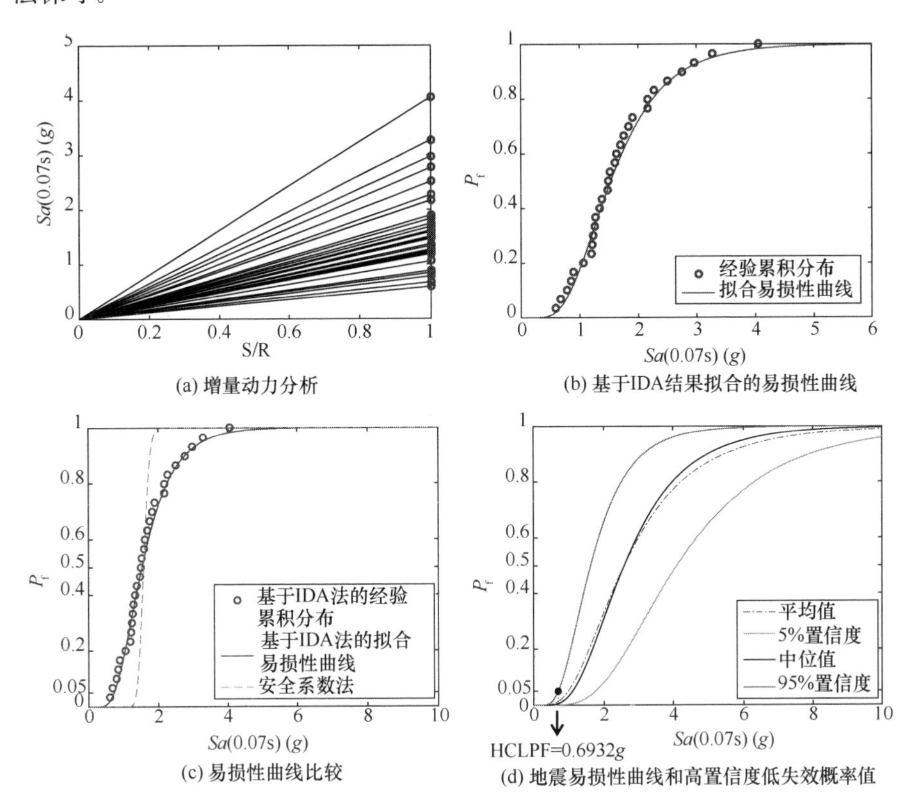

图 5-10　以 Sa（0.07）为强度参数基于条件谱选取的地震动运用策略Ⅱ计算的安全壳地震易损性曲线和高置信度低失效概率值

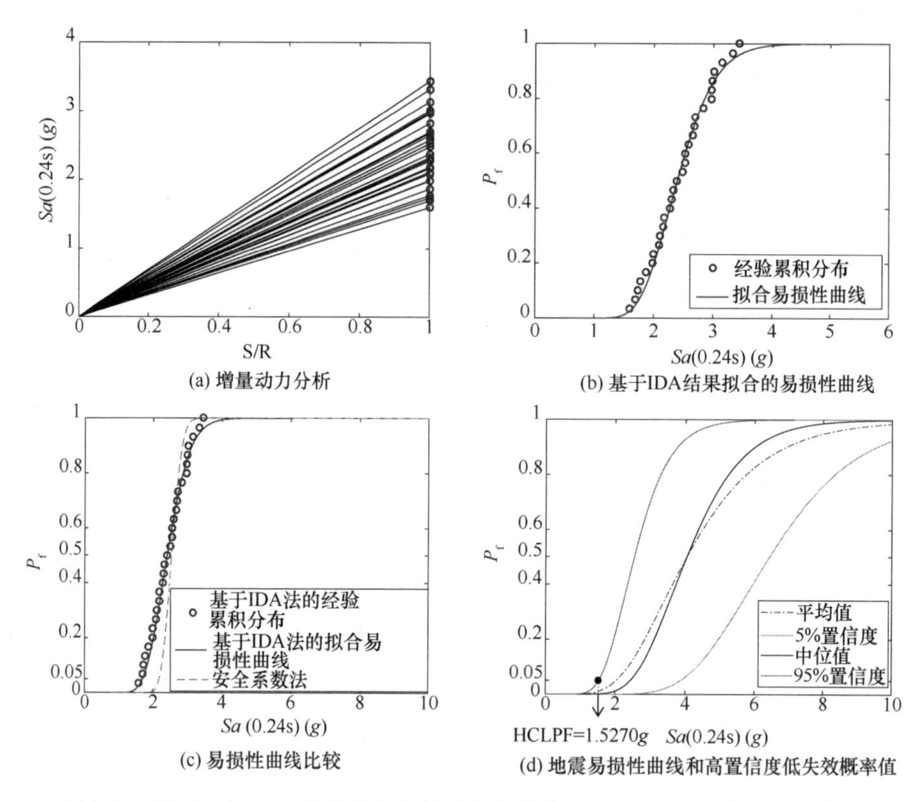

(a) 增量动力分析　(b) 基于IDA结果拟合的易损性曲线

(c) 易损性曲线比较　(d) 地震易损性曲线和高置信度低失效概率值

图 5-11　以 *Sa*（0.24）为强度参数基于条件谱选取的地震动运用策略Ⅱ计算的安全壳地震易损性曲线和高置信度低失效概率值

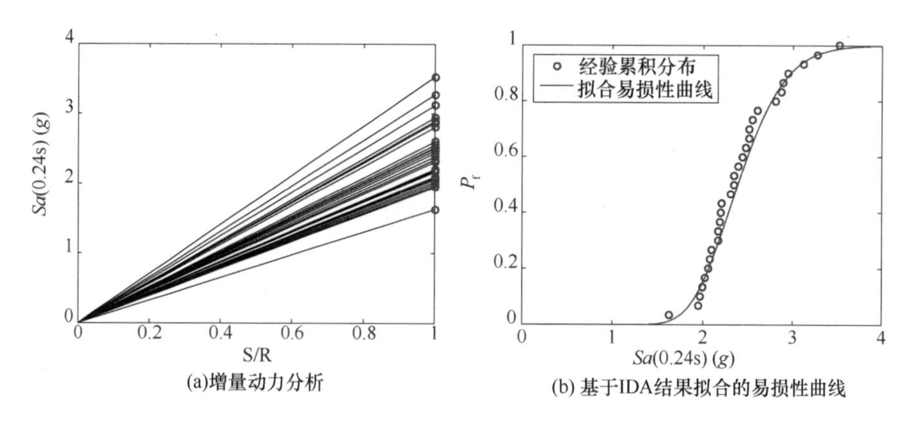

(a)增量动力分析　(b) 基于IDA结果拟合的易损性曲线

图 5-12　以 *Sa*（0.24）为强度参数基于广义条件谱-Ⅰ选取的地震动运用策略Ⅱ计算的安全壳地震易损性曲线和高置信度低失效概率值（一）

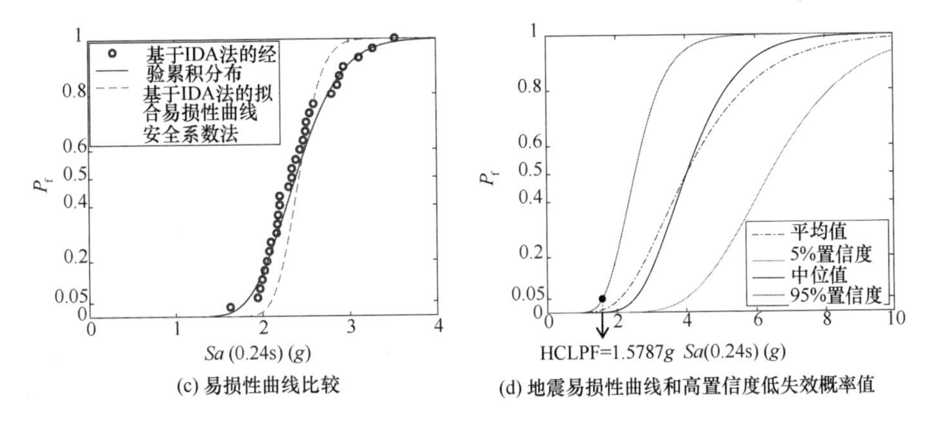

(c) 易损性曲线比较

(d) 地震易损性曲线和高置信度低失效概率值

图 5-12 以 Sa（0.24）为强度参数基于广义条件谱-Ⅰ选取的地震动运用策略Ⅱ计算的安全壳地震易损性曲线和高置信度低失效概率值（二）

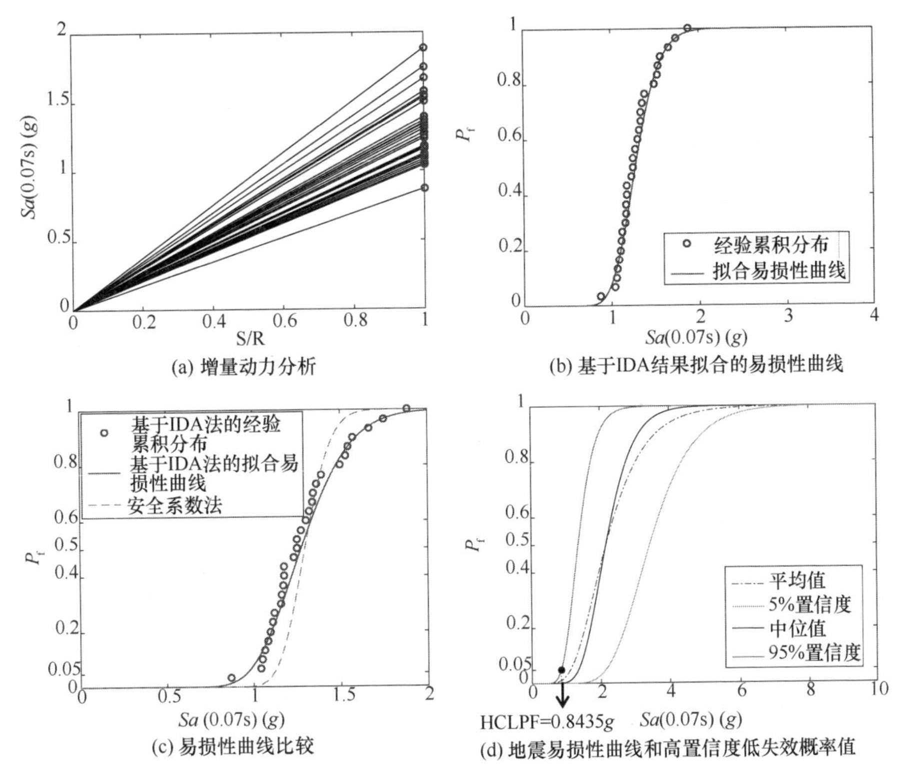

(a) 增量动力分析

(b) 基于IDA结果拟合的易损性曲线

(c) 易损性曲线比较

(d) 地震易损性曲线和高置信度低失效概率值

图 5-13 以 Sa（0.07）为强度参数基于广义条件谱-Ⅰ选取的地震动运用策略Ⅱ计算的安全壳地震易损性曲线和高置信度低失效概率值

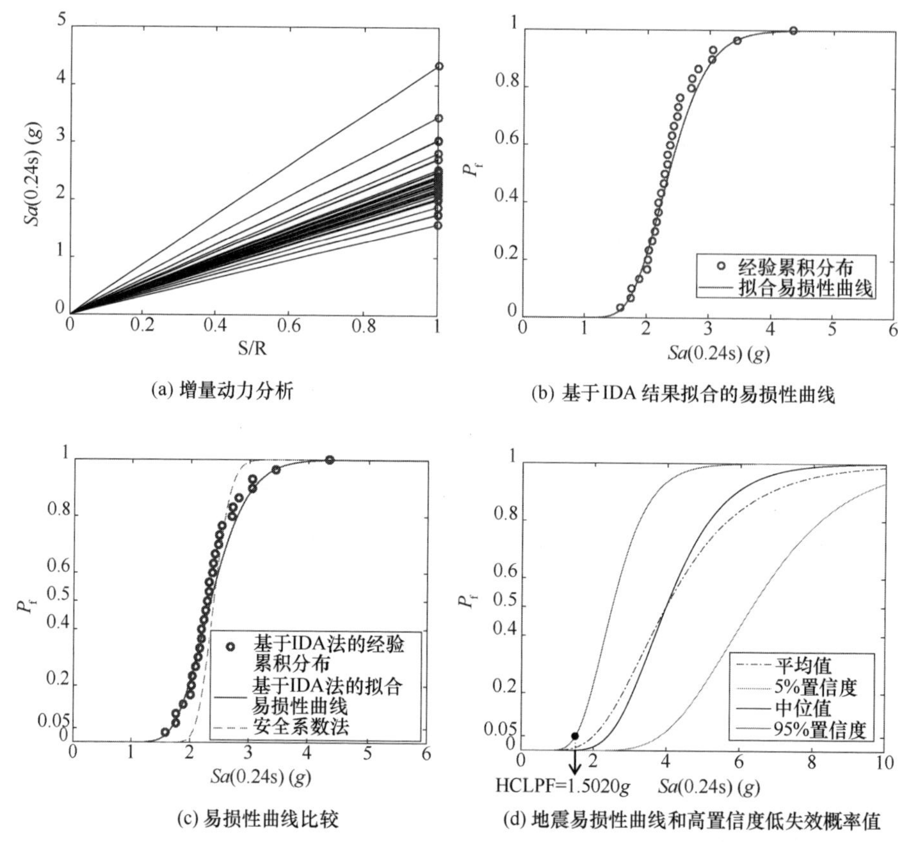

(a) 增量动力分析

(b) 基于IDA结果拟合的易损性曲线

(c) 易损性曲线比较

(d) 地震易损性曲线和高置信度低失效概率值

图 5-14 以 Sa（0.24s）为强度参数基于广义条件谱-Ⅱ选取的地震动运用策略Ⅱ计算的安全壳地震易损性曲线和高置信度低失效概率值

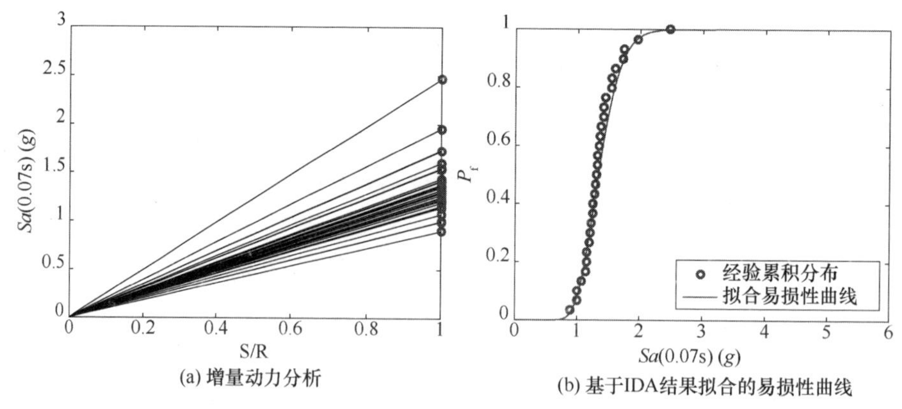

(a) 增量动力分析

(b) 基于IDA结果拟合的易损性曲线

图 5-15 以 Sa（0.07s）为强度参数基于广义条件谱-Ⅱ选取的地震动运用策略Ⅱ计算的安全壳地震易损性曲线和高置信度低失效概率值（一）

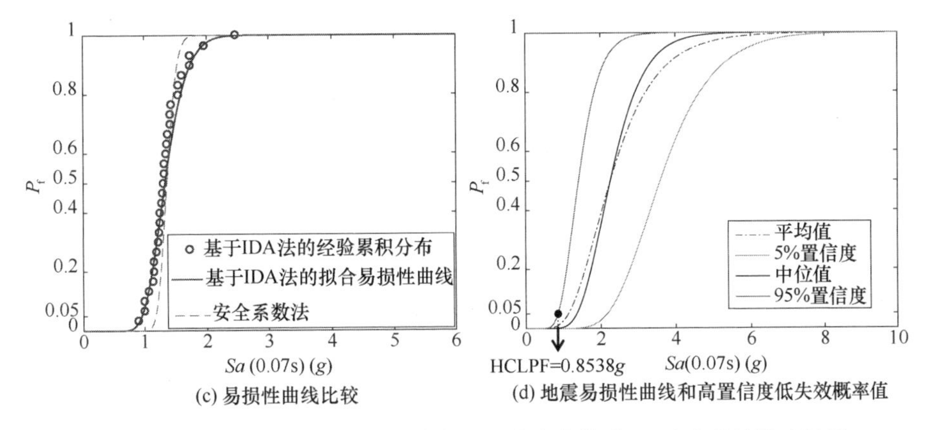

图 5-15 以 *Sa*（0.07s）为强度参数基于广义条件谱-Ⅱ选取的地震动运用策略Ⅱ计算的安全壳地震易损性曲线和高置信度低失效概率值（二）

安全壳基于不同地震动集合的增量动力分析拟合的易损性模型参数 **表 5-11**

地震动集合	易损性模型参数			
	Sa(0.07s) median	*Sa*(0.07s) β	*Sa*(0.24s) median	*Sa*(0.24s) β
CS(0.07s)	1.5267	0.4610	/	/
CS(0.24s)	/	/	2.3929	0.2069
GCS-Ⅰ	1.2750	0.1726	2.3863	0.1726
GCS-Ⅱ	1.3365	0.2058	2.3510	0.2058

基于策略Ⅱ计算的 HCLPF 值 **表 5-12**

强度参数	基于策略Ⅱ计算的 HCLPF 值(g)		
	CS	GCS-Ⅰ	GCS-Ⅱ
Sa(0.07s)	0.6932	0.8435	0.8538
Sa(0.24s)	1.5270	1.5787	1.5020

5.7 本章小结

本章首先总结了地震易损性分析模型的可选分布形式，分析了平均值地震易损性分析模型和考虑置信度地震易损性模型的理论基础，在“中位值的中位值”角度的基础上，首次基于“易损性的不确定性”角度重新推导了考虑置信度的地震易损性模型公式，丰富了模型的内涵。在地震易损性模型研究的基础上，本章进一步总结了高置信度低失效概率值两种定义方式及相互关系，发现当两类不确定性相近时，两种定义方式得到的高置信度低失效概率值近似相等。最后本章运用核工程地震易损性“安全系数法”，并基于解析地震易损性数据和经验易损性数据，生成了安全壳地震易损性曲线并计算了安全壳高置信度低失效概率值。具体包括两个计算途径：1）基于第 4 章生成的场地相关谱，运用振型分解反应谱法，计算安全壳的强度系数 F_S 的中位值，其他系数的中位值和标准差采用经验易损性数据，生成安全壳地震易损性曲线并计算高置信度低失效概率值；2）基于第 4 章选取的地震动记录集合，进行安全壳增量动力分析，计算安全壳强度系数 F_S 的中位值和本质不确定性的标准差，其他系数的中位值和标准差采用经验数据，生成安全壳地震易损性曲线并计算高置信度低失效概率值。分析结果表明：基于 UHS 和 URS 计算的 HCLPF 值较小，计算结果较 CMS 更为保守；对于第一周期敏感的安全壳结构，GCMS-Ⅰ和 CUHS 较 UHS 会得到更保守结果；增量动力分析结果的不确定性标准差大于安全系数法，二者生成的中位值较接近；基于策略Ⅱ计算的 HCLPF 值要小于策略Ⅰ的 HCLPF 值，策略Ⅰ方法较策略Ⅱ方法保守。

第 6 章 核电安全壳概率地震风险分析

6.1 引言

概率地震风险解析模型包括：平均值地震风险解析模型和具有置信度的地震风险解析模型。平均值地震风险模型在核工程抗震安全评估和抗震设计中已得到广泛应用，但该模型的置信度水平未知，对于核工程等重大基础设施，分析结果可能偏于不安全。本章首先推导平均值地震风险解析模型和具有置信度的地震风险解析模型计算公式；然后基于上述模型公式，首次推导平均值地震风险解析模型的置信度函数，计算不同厂址地震危险性条件下平均值地震风险解析模型的置信度水平；最后综合前几章地震危险性和地震易损性分析结果，基于概率地震风险解析模型公式，得到某核电安全壳地震风险的点估计和区间估计值。

6.2 概率地震风险分析的解析模型

地震风险解析函数包括两类：平均值地震风险函数和具有置信度的地震风险函数。平均值地震风险模型是基于地震危险性函数和平均值地震易损性函数推导得到的解析函数模型，具有置信度的地震风险模型是基于地震危险性函数和具有置信度的地震易损性函数推导得到的解析函数模型。其中，本章提到的具有置信度的地震风险解析模型仅包含地震易损性函数的置信度水平，没有考虑地震危险性函数的置信度。

6.2.1 平均值概率地震风险的解析函数

地震风险分析可通过地震危险性函数和地震易损性函数的卷积计算，可表示为[74]：

$$P_{\mathrm{F}}=\int_{0}^{+\infty} H(a) \frac{\mathrm{d}F_{\mathrm{C}}(a)}{\mathrm{d}a} \mathrm{d}a \tag{6-1}$$

$$P_{\mathrm{F}}=-\int_{0}^{+\infty} F_{\mathrm{C}}(a) \frac{\mathrm{d}H(a)}{\mathrm{d}a} \mathrm{d}a \tag{6-2}$$

式中，$H(a)$ 为地震危险性函数；$F_{\mathrm{C}}(a)$ 为地震易损性函数。

Cornell[6]和 Ellingwood 等[117,162]研究发现：地震强度可假设服从极值Ⅱ型分布：

$$H(a)=1-\exp\left[-\left(\frac{a}{u}\right)^{-K_{\mathrm{H}}}\right]\approx\left(\frac{a}{u}\right)^{-K_{\mathrm{H}}}=k_{\mathrm{I}}a^{-K_{\mathrm{H}}} \tag{6-3}$$

式中，u 是尺度参数，K_{H}是形状参数；$k_{\mathrm{I}}=u^{K_{\mathrm{H}}}$ 。

平均值地震易损性函数可表示为[120,123-124]：

$$F_{\mathrm{C}}(a)=\Phi\left[\frac{\ln(a/a_{\mathrm{C}})}{\sqrt{\beta_{\mathrm{R}}^{2}+\beta_{\mathrm{U}}^{2}}}\right]=\Phi\left[\frac{\ln(a/a_{\mathrm{C}})}{\beta_{\mathrm{C}}}\right] \tag{6-4}$$

式中，a_{C} 是中位值；β_{R} 和 β_{U} 是分别表示本质不确定性和知识不确定性的标准差；β_{C} 是本质不确定性标准差 β_{R} 和知识不确定性标准差 β_{U} 的平方和开平方。

平均值地震易损性函数式（6-4）的导数可表示为：

$$\frac{\mathrm{d}F_{\mathrm{C}}(a)}{\mathrm{d}a}=\frac{1}{a\beta_{\mathrm{C}}\sqrt{2\pi}}\exp\left(-\frac{(\ln a-\ln(a_{\mathrm{C}}))^{2}}{2(\beta_{\mathrm{C}})^{2}}\right) \tag{6-5}$$

将式（6-3）和式（6-5）代入式（6-1），得到平均值概率地震风险函数为[73]：

$$P_{\mathrm{F}}=\int_{0}^{\infty}(k_{\mathrm{I}}a^{-K_{\mathrm{H}}})\left[(a\beta_{\mathrm{C}}\sqrt{2\pi})\exp\left\{\frac{(\ln a-\ln(a_{\mathrm{C}}))^{2}}{2(\beta_{\mathrm{C}})^{2}}\right\}\right]^{-1}\mathrm{d}a \tag{6-6}$$

式（6-6）可转换为[73]：

$$P_{\mathrm{F}}=\frac{k_{\mathrm{I}}}{\sqrt{2\pi}\beta_{\mathrm{C}}}\int_{-\infty}^{+\infty}\exp\{-K_{\mathrm{H}}x\}\exp\left[-\frac{(x-M)^{2}}{2(\beta_{\mathrm{C}})^{2}}\right]\mathrm{d}x \tag{6-7}$$

式中，$x=\ln a$；$M=\ln a_{\mathrm{C}}$。

推导式（6-7），可得到：

$$\begin{aligned}P_{\mathrm{F}}&=k_{\mathrm{I}}\left\{\frac{1}{\sqrt{2\pi}\beta_{\mathrm{C}}}\int_{-\infty}^{+\infty}\exp\{-K_{\mathrm{H}}x\}\exp\left[-\frac{(x-M)^{2}}{2\,(\beta_{\mathrm{C}})^{2}}\right]\mathrm{d}x\right\}\\&=k_{\mathrm{I}}\left\{\frac{1}{\sqrt{2\pi}\beta_{\mathrm{C}}}\int_{-\infty}^{+\infty}\exp\left\{-K_{\mathrm{H}}x-\frac{(x-M)^{2}}{2(\beta_{\mathrm{C}})^{2}}\right\}\mathrm{d}x\right\}\\&=k_{\mathrm{I}}\left\{\frac{1}{\sqrt{2\pi}\beta_{\mathrm{C}}}\int_{-\infty}^{+\infty}\exp\left\{-K_{\mathrm{H}}(y+M)-\frac{y^{2}}{2(\beta_{\mathrm{C}})^{2}}\right\}\mathrm{d}y\right\}\\&=k_{\mathrm{I}}\left\{\frac{1}{\sqrt{2\pi}\beta_{\mathrm{C}}}\int_{-\infty}^{+\infty}\exp\left\{-\frac{(y+(\beta_{\mathrm{C}})^{2}K_{\mathrm{H}})^{2}}{2(\beta_{\mathrm{C}})^{2}}-K_{\mathrm{H}}M+\frac{(\beta_{\mathrm{C}})^{2}(K_{\mathrm{H}})^{2}}{2}\right\}\mathrm{d}y\right\}\\&=k_{\mathrm{I}}\left\{\exp\left(\frac{(\beta_{\mathrm{C}})^{2}(K_{\mathrm{H}})^{2}}{2}-K_{\mathrm{H}}M\right)\cdot\frac{1}{\sqrt{2\pi}}\cdot\int_{-\infty}^{+\infty}\exp\left\{-\frac{z^{2}}{2}\right\}\mathrm{d}z\right\}\end{aligned} \tag{6-8}$$

式中，$y=x-M$；$z=\dfrac{y+(\beta_{\mathrm{C}})^{2}K_{\mathrm{H}}}{\beta_{\mathrm{C}}}$。

由上述公式推导过程可知，z 是服从正态分布的随机变量，其均值和标准差分别为 $\beta_C K_H$ 和 1。

基于正态分布性质，可得到：

$$\frac{1}{\sqrt{2\pi}}\int_{-\infty}^{+\infty}\exp\left\{-\frac{z^2}{2}\right\}dz = 1 \tag{6-9}$$

则式（6-8）可简化为：

$$P_F = k_I \exp\left(\frac{(K_H\beta_C)^2}{2} - K_H M\right) \tag{6-10}$$

式中，$M = \ln a_C$。

式（6-10）可转换为：

$$P_{F,mean} = k_I (a_C)^{-K_H} \exp\left[\frac{(K_H\beta_C)^2}{2}\right] \tag{6-11}$$

$$P_{F,mean} = H(a_C)\exp\left[\frac{(K_H\beta_C)^2}{2}\right] \tag{6-12}$$

式（6-11）和（6-12）为平均值地震风险解析模型。

6.2.2 具有置信度的概率地震风险解析函数

具有置信度的易损性函数，可表示为[120,123-124]：

$$F_C(a) = \Phi\left[\frac{\ln(a/a_C) + \beta_U \Phi^{-1}(Q)}{\beta_R}\right] \tag{6-13}$$

式中，a_C 为易损性函数的中位值；β_R 和 β_U 分别是表示本质不确定性和知识不确定性的标准差；Q 为易损性函数的置信度。

式（6-13）可进一步表示为：

$$F_C(a) = \Phi\left[\frac{\ln(a/(a_C \exp(-\beta_U \Phi^{-1}(Q))))}{\beta_R}\right] \tag{6-14}$$

式（6-14）可进一步转化为：

$$F_C(a) = \Phi\left[\frac{\ln(a/a_{C,Q})}{\beta_R}\right] \tag{6-15}$$

式中，中位值 $a_{C,Q}$ 可进一步表示为：

$$a_{C,Q} = a_C \exp(-\beta_U \Phi^{-1}(Q)) \tag{6-16}$$

将式（6-15）和式（6-3）代入式（6-1），类似式（6-8）、式（6-9）和式（6-10）推导过程，可得到：

$$P_F(Q) = H(a_{C,Q})\exp\left[\frac{(K_H\beta_R)^2}{2}\right] \tag{6-17}$$

将式（6-16）代入式（6-17），可得到具有置信度的地震风险解析模型：

$$P_F(Q)=k_I[a_C\exp(-\beta_U\Phi^{-1}(Q))]^{-K_H}\exp\left[\frac{(K_H\beta_R)^2}{2}\right] \quad (6\text{-}18)$$

式（6-18）可进一步整理得到：

$$P_F(Q)=k_I(a_C)^{-K_H}\exp\left[\frac{1}{2}(K_H\beta_R)^2+\beta_U K_H\Phi^{-1}(Q)\right] \quad (6\text{-}19)$$

式（6-19）为具有置信度的地震风险解析模型，此模型仅考虑易损性模型含有的置信度水平。

6.3 平均值概率地震风险解析模型的置信度分析

6.3.1 平均值地震风险模型的置信度函数

1. 平均值地震概率风险模型置信度公式推导

平均值地震风险模型已在核工程抗震安全评估和抗震设计中得到广泛应用，但该模型不能直接给出模型的置信度水平或者可靠性程度。本节基于公式推导，得到了平均值地震风险模型的置信度函数，需要指出的是，这里的置信度函数仅仅包含易损性函数含有的置信度水平，不包括危险性函数的置信度。

式（6-11）为平均值地震风险解析模型，模型的置信度水平无法直接得到，而式（6-19）为考虑易损性置信度水平的区间地震风险解析模型。地震风险结果可以分别基于式（6-11）和式（6-19）计算，式（6-11）为风险的点估计值，而式（6-19）为风险的区间估计值。本书定义 Q_{mean} 为平均值地震风险的置信度水平，将式（6-19）的 P_F（Q_{mean}）与式（6-11）的 $P_{F,mean}$ 取相等，本书认为 Q_{mean} 就是平均值地震风险 $P_{F,mean}$ 的置信度水平。本书推导平均值地震风险模型置信度的思路在可靠性分析中已有体现，Ang 等[163-164]研究了隧道的抗震能力，计算了平均值安全指数和具有不同置信度的安全指数，通过将平均值安全指数与具有不同置信度的安全指数进行比较，发现平均值安全指数与具有 50％置信度的安全指数大致相等，也就是平均值安全指数的置信度水平大约为 50％。

将 Q_{mean} 代入式（6-19），并将式（6-11）与式（6-19）取相等，则可得：

$$k_I(a_C)^{-K_H}\exp\left[\frac{(K_H\beta_C)^2}{2}\right]=k_I(a_C)^{-K_H}\cdot\exp\left[\frac{1}{2}(K_H\beta_R)^2+\beta_U K_H\Phi^{-1}(Q_{mean})\right] \quad (6\text{-}20)$$

当 K_H 和 β_U 都不为零时，式（6-20）可进一步转化为：

$$Q_{mean} = \Phi\left(\frac{K_H \beta_U}{2}\right) \tag{6-21}$$

式中，K_H 为地震危险性斜度参数，可表示为：

$$K_H = \frac{1}{\log(A_R)} \tag{6-22}$$

式中，A_R为 0.1 倍设计危险性水准对应的 Sa 值与设计危险性水准对应的 Sa 值之比，一般对于核电厂抗震设计，设计水准为年超越概率为 0.0001。

当 β_U 等于零时，相当于不存在知识不确定性，平均值地震风险的置信度可表示为：

$$Q_{mean} = 100\% \tag{6-23}$$

2. ASCE/SEI 43-05 一致风险设计方法置信度公式推导

ASCE/SEI 43-05 一致风险设计抗震方法的理论基础是平均值地震风险模型，利用上节公式推导思路，对 ASCE/SEI 43-05 设计得到的地震风险置信度水平进行公式推导。

首先，基于平均值易损性函数 p 分位值表示的抗震设计能力值可表示为[74]：

$$a_P = a_C \exp[-X_P \beta_C] \tag{6-24}$$

式中，X_P是标准正态分布的 $1-p$ 分位值。

将式（6-24）代入式（6-11），可以得到：

$$P_{F,mean} = k_I (a_P)^{-K_H} \exp\left[\frac{(K_H \beta_C)^2}{2} - X_P K_H \beta_C\right] \tag{6-25}$$

设计能力值 a_P 可表示为设计响应谱（Design Response Spectrum，DRS）与抗震裕量系数 F_P 的乘积，可表示为：

$$a_P = F_P \times DRS = F_P \times DF \times UHS \tag{6-26}$$

式中，UHS 为一致危险谱，DF 为设计系数，可表示为：

$$DF = \text{Maximum}(DF_1, DF_2) \tag{6-27}$$

式中，对于不同设计等级设施，DF_1规定值见表 6-2[72]；DF_2可表示为：

$$DF_2 = 0.6(A_R)^{\alpha} \tag{6-28}$$

式中，对于不同设计等级设施，α 规定值见表 6-2[72]。

设计危险性水平可表示为：

$$H_D = H(UHS) = k_I (UHS)^{-K_H} \tag{6-29}$$

将式（6-26）代入式（6-25），同时考虑式（6-29）等式关系，可得到：

$$P_{F,mean} = H_D (F_P DF)^{-K_H} \exp\left[\frac{(K_H \beta_C)^2}{2} - X_P K_H \beta_C\right] \tag{6-30}$$

将式（6-24）代入式（6-19），可以得到：

$$P_{\mathrm{F}}(Q)=k_{\mathrm{I}}(a_{\mathrm{P}})^{-K_{\mathrm{H}}}\exp\left[\frac{(K_{\mathrm{H}}\beta_{\mathrm{R}})^{2}}{2}-X_{\mathrm{P}}K_{\mathrm{H}}\beta_{\mathrm{C}}+\beta_{\mathrm{U}}K_{\mathrm{H}}\Phi^{-1}(Q)\right] \tag{6-31}$$

将式（6-26）代入式（6-31），同时考虑公式（6-29）等式关系，可以得到：

$$P_{\mathrm{F}}(Q)=H_{\mathrm{D}}(F_{\mathrm{P}}\mathrm{DF})^{-K_{\mathrm{H}}}\exp\left[\frac{(K_{\mathrm{H}}\beta_{\mathrm{R}})^{2}}{2}-X_{\mathrm{P}}K_{\mathrm{H}}\beta_{\mathrm{C}}+\beta_{\mathrm{U}}K_{\mathrm{H}}\Phi^{-1}(Q)\right] \tag{6-32}$$

将式（6-30）与式（6-32）取相等，当 K_{H} 和 β_{U} 都不为零时，可推导得到：

$$Q_{P_{\mathrm{F,mean}}}=\Phi\left(\frac{K_{\mathrm{H}}\beta_{\mathrm{U}}}{2}\right) \tag{6-33}$$

当 β_{U} 等于零时，相当于不存在知识不确定性，可得到：

$$Q_{P_{\mathrm{F,mean}}}=100\% \tag{6-34}$$

研究发现，ASCE/SEI 43-05 设计的目标性能的置信度函数式（6-33）与平均值地震风险模型置信度函数式（6-21）相同，因为平均值地震风险模型是 ASCE/SEI 43-05 的理论基础，所以两者置信度函数一致。

6.3.2 平均值地震风险模型置信度的算例分析

1. 平均值地震概率风险模型的置信度水平分析

A_{R}值的范围可取为 1.5～6，β_{U}值的范围可取为 0.1～0.6，基于平均值地震易损性模型置信度函数式（6-21），计算平均值地震易损性模型在 A_{R} 和 β_{U}范围值条件下的置信度水平，结果见表 6-1。可发现：K_{H}越大，即地震危险性曲线倾斜程度越大，平均值地震风险模型的置信度越大；具有不同 K_{H} 的厂址，平均值地震风险模型的置信度不同，并且大多数厂址条件下，平均值地震风险模型的置信度水平不高，在 A_{R}值和 β_{U}值一般取值范围内，置信度水平在 52.56%到 95.58%范围，大部分小于 80%。

对于 β_{U}和 K_{H}范围值平均值地震概率风险模型的置信度水平　　表 6-1

A_{R}	K_{H}	平均值地震易损性模型的置信度					
		$\beta_{\mathrm{U}}=0.1$	$\beta_{\mathrm{U}}=0.2$	$\beta_{\mathrm{U}}=0.3$	$\beta_{\mathrm{U}}=0.4$	$\beta_{\mathrm{U}}=0.5$	$\beta_{\mathrm{U}}=0.6$
1.5	5.6789	61.18%	71.49%	80.28%	87.20%	92.22%	95.58%
1.75	4.1146	58.15%	65.96%	73.14%	79.47%	84.82%	89.15%
2	3.3219	56.60%	63.01%	69.09%	74.68%	79.69%	84.05%
2.25	2.8394	55.64%	61.18%	66.49%	71.49%	76.11%	80.28%

续表

A_R	K_H	平均值地震易损性模型的置信度					
		$\beta_U=0.1$	$\beta_U=0.2$	$\beta_U=0.3$	$\beta_U=0.4$	$\beta_U=0.5$	$\beta_U=0.6$
2.5	2.5129	55.00%	59.92%	64.69%	69.24%	73.51%	77.45%
2.75	2.2762	54.53%	59.00%	63.36%	67.55%	71.53%	75.27%
3	2.0959	54.17%	58.30%	62.34%	66.25%	69.99%	73.53%
3.25	1.9536	53.89%	57.74%	61.53%	65.20%	68.74%	72.11%
3.5	1.8380	53.66%	57.29%	60.86%	64.34%	67.71%	70.93%
3.75	1.7421	53.47%	56.91%	60.31%	63.62%	66.84%	69.94%
4	1.6610	53.31%	56.60%	59.84%	63.01%	66.10%	69.09%
4.25	1.5914	53.17%	56.32%	59.43%	62.49%	65.46%	68.35%
4.5	1.5309	53.05%	56.08%	59.08%	62.03%	64.90%	67.70%
4.75	1.4778	52.95%	55.87%	58.77%	61.62%	64.41%	67.12%
5	1.4307	52.85%	55.69%	58.50%	61.26%	63.97%	66.61%
5.25	1.3886	52.77%	55.52%	58.25%	60.94%	63.58%	66.15%
5.5	1.3507	52.69%	55.37%	58.03%	60.65%	63.22%	65.73%
5.75	1.3164	52.62%	55.24%	57.83%	60.38%	62.90%	65.35%
6	1.2851	52.56%	55.11%	57.64%	60.14%	62.60%	65.01%

总之，平均值地震风险模型在不同场地的置信度水平会发生变化，地震危险性曲线倾斜程度越大，平均值地震风险模型的置信度越大，并且对于大多数工程场地条件，平均值地震风险模型的置信度水平不高。对于核电厂这类重要系统，本书建议采用具有明确置信度水平的地震风险区间模型。

2. ASCE/SEI 43-05 一致风险设计方法置信度分析

ASCE/SEI 43-05 规范条文说明给出了一致风险设计方法的算例，研究发现[72]：ASCE/SEI 43-05 设计方法可以得到一致风险结果。同样针对 ASCE/SEI 43-05 条文说明中给出的相同算例，基于公式（6-33），本节进一步分析风险结果所蕴含的置信度水平。

ASCE/SEI 43-05 抗震设计的设计参数，见表 6-2[72]。算例采用美国东部地区和美国加州地区典型标准化谱加速度危险性曲线，列于表 6-3 中[72]。ASCE/SEI 43-05 一致风险计算公式，需要抗震裕量系数，具体取值见表 6-4[73]。ASCE/SEI 43-05 抗震设计方法有两个设计目标：1）设计地震 SSE 作用下，具有小于 1%不可接受性能概率；2）1.5 倍设计地震 SSE 作用下，具有小于 10%不可接受性能概率。

ASCE/SEI 43-05 抗震设计参数总结[72] **表 6-2**

抗震设计分类（SDC）	目标性能水平（P_F）	概率比（R_P）	危险性超越概率（H_D）	DF_1	α
3	1×10^{-4}	4	4×10^{-4}	0.8	0.40
4	4×10^{-5}	10	4×10^{-4}	1.0	0.80
5	1×10^{-5}	10	1×10^{-4}	1.0	0.80

ASCE/SEI 43-05 规范中给出典型标准化谱加速度危险性曲线[72] **表 6-3**

$H_{(SA)}$	美国东部地区		美国加州地区	
	1Hz *Sa*	10Hz *Sa*	1Hz *Sa*	10Hz *Sa*
5×10^{-2}	0.014	0.018	0.087	0.046
2×10^{-2}	0.027	0.034	0.13	0.072
1×10^{-2}	0.045	0.055	0.175	0.100
5×10^{-3}	0.07	0.089	0.236	0.139
2×10^{-3}	0.143	0.169	0.351	0.215
1×10^{-3}	0.235	0.275	0.474	0.334
5×10^{-4}	0.383	0.424	0.629	0.511
2×10^{-4}	0.681	0.709	0.814	0.762
1×10^{-4}	1.00	1.00	1.00	1.00
5×10^{-5}	1.46	1.41	1.23	1.22
2×10^{-5}	2.35	2.13	1.61	1.51
1×10^{-5}	3.27	2.88	1.89	1.76
5×10^{-6}	4.38	3.65	2.2	2.05
2×10^{-6}	6.44	4.62	2.68	2.42
1×10^{-6}	8.59	5.43	3.1	2.72
5×10^{-7}	10.34	6.38	3.58	3.06
2×10^{-7}	13.21	7.9	4.24	3.56
1×10^{-7}	15.9	9.28	4.67	3.84

不同 β 值的抗震裕量系数[73] **表 6-4**

β	$F_{1\%}$	$F_{5\%}$	$F_{10\%}$	$F_{50\%}$	$F_{70\%}$
0.30	1.10	1.35	1.5	2.2	2.58
0.40	1	1.31	1.52	2.54	3.13
0.50	1	1.41	1.69	3.2	4.16
0.60	1	1.5	1.87	4.04	5.53

本节针对上述算例，基于概率地震风险解析函数式（6-30），计算得到了性能概率 P_F，同时 ASCE/SEI 43-05 规范条文[72]给出了算例的地震风险卷积计算结果，见表 6-5 和表 6-6。可发现：解析函数计算结果与卷积计算结果较为接近，解析函数计算结果误差可接受。基于推导的平均值地震风险模型的置信度函数，计算了算例结果的置信度水平，见图 6-1 和图 6-2，可发现：对算例给出的四条危险性曲线，置信度水平不同，置信度水平都小于 85%。基于分析结果，建议未来核电厂抗震设计和评估更多采用考虑知识不确定性的地震风险区间模型。

ASCE/SEI 43-05 第一条准则获得性能概率　　表 6-5

SDC	危险性曲线	目标性能 (×10⁻⁵)	$C_{1\%}$	基于平均值地震解析函数计算的 P_F 与卷积计算的 P_F(在括号内)(×10⁻⁵)			
				$\beta_C=0.3$ $F_{1\%}=1.1$	$\beta_C=0.4$ $F_{1\%}=1.0$	$\beta_C=0.5$ $F_{1\%}=1.0$	$\beta_C=0.6$ $F_{1\%}=1.0$
3	EUS 1Hz	10	0.45	11.2(14.2)	9.8(10.4)	7.5(7.9)	5.9(6.1)
3	EUS 10Hz	10	0.46	10.9(13.8)	9.5(10.0)	7.2(7.4)	5.6(5.6)
3	Calif. 1Hz	10	0.54	9.6(12.8)	9.0(8.5)	6.9(6.2)	5.9(4.9)
3	Calif. 10Hz	10	0.47	10.4(14.7)	9.3(9.6)	6.9(6.7)	5.5(4.9)
4	EUS 1Hz	4	0.76	4.4(5.4)	3.8(3.9)	2.9(2.9)	2.3(2.3)
4	EUS 10Hz	4	0.74	4.3(5.3)	3.8(3.8)	2.9(2.8)	2.2(2.1)
4	Calif. 1Hz	4	0.69	4.0(5.6)	3.8(3.7)	2.9(2.7)	2.5(2.2)
4	Calif. 10Hz	4	0.65	4.1(5.7)	3.7(3.6)	2.7(2.6)	2.2(2.0)
5	EUS 1Hz	1	1.55	1.08(1.33)	0.94(0.93)	0.71(0.69)	0.56(0.52)
5	EUS 10Hz	1	1.40	1.06(1.30)	0.93(0.87)	0.69(0.62)	0.54(0.46)
5	Calif. 1Hz	1	1.00	1.02(1.47)	0.98(0.96)	0.76(0.73)	0.67(0.61)
5	Calif. 10Hz	1	1.00	0.83(1.22)	0.85(0.78)	0.69(0.58)	0.67(0.48)

ASCE/SEI 43-05 第二条准则获得性能概率　　表 6-6

SDC	危险性曲线	目标性能 (×10⁻⁵)	$C_{10\%}$	基于平均值地震解析函数计算的 P_F 与卷积计算的 P_F(在括号内)(×10⁻⁵)			
				$\beta_C=0.3$ $F_{10\%}=1.5$	$\beta_C=0.4$ $F_{10\%}=1.52$	$\beta_C=0.5$ $F_{10\%}=1.69$	$\beta_C=0.6$ $F_{10\%}=1.87$
3	EUS 1Hz	10	0.675	11.5(11.7)	10.2(10.4)	9.3(9.5)	8.8(8.8)
3	EUS 10Hz	10	0.690	11.0(11.4)	9.8(10.0)	9.0(9.1)	8.7(8.6)
3	Calif. 1Hz	10	0.810	9.7(9.5)	9.4(8.8)	10.3(8.7)	12.7(9.3)

续表

SDC	危险性曲线	目标性能（$\times10^{-5}$）	$C_{10\%}$	基于平均值地震解析函数计算的 P_F 与卷积计算的 P_F（在括号内）（$\times10^{-5}$）			
				$\beta_C=0.3$ $F_{10\%}=1.5$	$\beta_C=0.4$ $F_{10\%}=1.52$	$\beta_C=0.5$ $F_{10\%}=1.69$	$\beta_C=0.6$ $F_{10\%}=1.87$
3	Calif. 10Hz	10	0.705	10.7(11.3)	9.9(9.8)	9.8(9.0)	10.5(8.7)
4	EUS 1Hz	4	1.140	4.4(4.5)	3.9(4.0)	3.6(3.6)	3.4(3.4)
4	EUS 10Hz	4	1.110	4.3(4.4)	3.9(3.9)	3.6(3.6)	3.4(3.4)
4	Calif. 1Hz	4	1.035	4.2(4.0)	4.0(3.8)	4.4(4.0)	5.4(4.5)
4	Calif. 10Hz	4	0.975	4.1(4.3)	3.7(3.8)	3.7(3.6)	4.0(3.7)
5	EUS 1Hz	1	2.325	1.09(1.09)	0.97(0.96)	0.90(0.88)	0.86(0.84)
5	EUS 10Hz	1	2.100	1.06(1.03)	0.95(0.90)	0.89(0.83)	0.87(0.81)
5	Calif. 1Hz	1	1.500	1.03(1.04)	1.03(1.02)	1.16(1.11)	1.51(1.32)
5	Calif. 10Hz	1	1.500	0.85(0.84)	0.90(0.83)	1.12(0.89)	1.66(1.02)

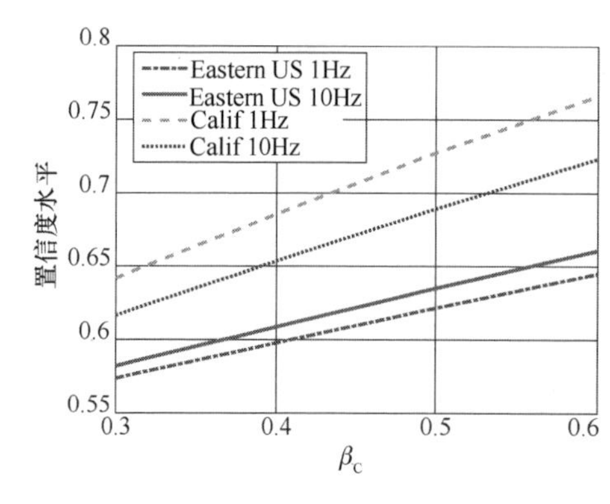

图 6-1 ASCE 43-05 设计 SDC 3 和 SDC 4 性能水准的置信度水平

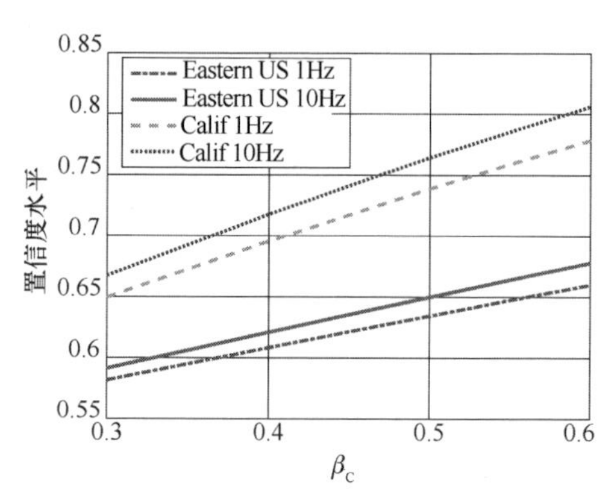

图 6-2 ASCE 43-05 设计 SDC 5 性能水准的置信度水平

6.4 核电安全壳的概率地震风险分析

6.4.1 地震危险性曲线的近似函数

地震危险性曲线可近似表示为[162]：

$$H(a) \approx k_1 a^{-K_H} \tag{6-35}$$

式中，K_H 可以表示为[72]：

$$K_H = \frac{1}{\lg A_R} \tag{6-36}$$

式中，A_R 可以表示为[72]：

$$A_R = \frac{Sa_{0.1H_D}}{Sa_{H_D}} \tag{6-37}$$

在我国核电厂抗震设计中，设计危险性水平 H_D取为万年一遇水准，即年超越概率为 0.0001。基于上述计算公式，计算第 2 章得到的我国华南地区某核电厂厂址 Sa(0.07s)和 Sa(0.24s)危险性拟合函数式(6-35)的参数，见表 6-7。Sa(0.07s)和 Sa(0.24s)的危险性曲线和危险性拟合线分别见图 6-3，可发现：危险性曲线在年超越概率 0.0001～0.00001(H_D～0.1H_D)范围拟合程度较好，这个区域也是核电安全壳抗震最感兴趣的危险性区域。

地震危险性近似拟合函数参数　　表 6-7

拟合函数参数	Sa(0.07s)危险性曲线	Sa(0.24s)危险性曲线
K_H	3.20	2.93
k_1	8.38×10^{-7}	7.98×10^{-6}

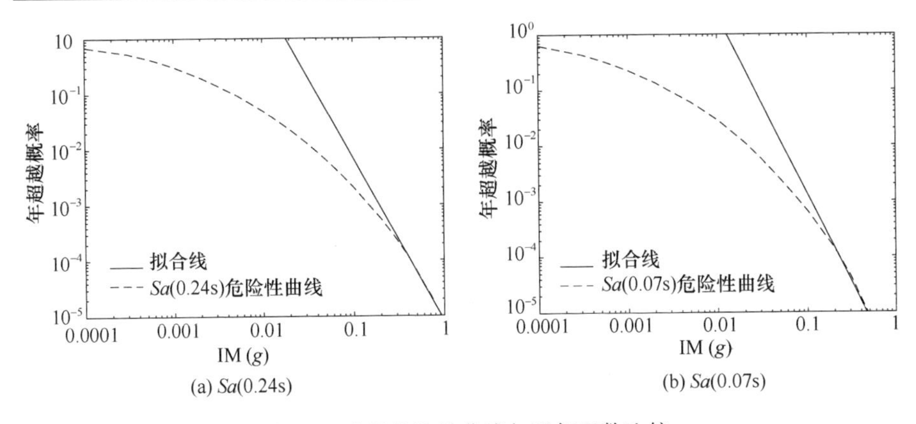

(a) Sa(0.24s)　　(b) Sa(0.07s)

图 6-3　地震危险性曲线与近似函数比较

6.4.2　核电安全壳的概率地震风险分析

基于地震风险解析函数，综合前几章地震危险性和地震易损性分析结果，可以计算得到安全壳地震风险结果，见表 6-8～表 6-11。具体来说，分别选用 Sa(0.24s)和 Sa(0.07s)为强度参数，基于 6.4.1 节拟合的地震危险性简化模型参数，采用第 5 章策略Ⅰ方法和策略Ⅱ方法计算得到的安全壳地震易损性分析结果，基于地震风险解析模型公式(6-11)和公式(6-19)，计算安全壳地震风险点估计和区间估计值。

以 *Sa*（0.24s）为强度参数的某安全壳地震风险结果　　表 6-8

风险类别	风险结果（其中地震易损性是基于第 5 章策略 Ⅰ 计算得到）					
	CMS，$T^*=0.24$s	UHS	URS	CUHS，$T^*=0.24$s	GCMS-Ⅰ	GCMS-Ⅱ
5%置信度	3.78×10^{-8}	4.18×10^{-8}	5.64×10^{-8}	4.42×10^{-8}	4.22×10^{-8}	4.33×10^{-8}
50%置信度	1.47×10^{-7}	1.63×10^{-7}	2.20×10^{-7}	1.72×10^{-7}	1.64×10^{-7}	1.64×10^{-7}
平均值	2.07×10^{-7}	2.29×10^{-7}	3.10×10^{-7}	2.43×10^{-7}	2.32×10^{-7}	2.37×10^{-7}
95%置信度	5.75×10^{-7}	6.36×10^{-7}	8.58×10^{-7}	6.73×10^{-7}	6.42×10^{-7}	6.58×10^{-7}

以 *Sa*（0.07s）为强度参数的某安全壳地震风险结果　　表 6-9

风险类别	风险结果（其中地震易损性是基于第 5 章策略 Ⅰ 计算得到）				
	CMS，$T^*=0.07$s	UHS	URS	GCMS-Ⅰ	GCMS-Ⅱ
5%置信度	1.12×10^{-8}	2.07×10^{-8}	2.87×10^{-8}	2.09×10^{-8}	1.76×10^{-8}
50%置信度	4.96×10^{-8}	9.15×10^{-8}	1.27×10^{-7}	9.25×10^{-8}	9.25×10^{-8}
平均值	7.47×10^{-8}	1.37×10^{-7}	1.91×10^{-7}	1.39×10^{-7}	1.17×10^{-7}
95%置信度	2.19×10^{-7}	4.04×10^{-7}	5.61×10^{-7}	4.09×10^{-7}	3.44×10^{-7}

以 *Sa*（0.24s）为强度参数的某安全壳地震风险结果　　表 6-10

风险类别	风险结果（其中地震易损性是基于第五章策略Ⅱ计算得到）		
	CS，$T^*=0.24$s	s-GCS-Ⅰ	s-GCS-Ⅱ
5%置信度	5.10×10^{-8}	4.86×10^{-8}	5.36×10^{-8}
50%置信度	1.99×10^{-7}	1.89×10^{-7}	1.89×10^{-7}
平均值	2.80×10^{-7}	2.67×10^{-7}	2.94×10^{-7}
95%置信度	7.76×10^{-7}	7.40×10^{-7}	8.16×10^{-7}

以 *Sa*（0.07s）为强度参数的某安全壳地震风险结果　　表 6-11

风险类别	风险结果（其中地震易损性是基于第五章策略Ⅱ计算得到）		
	CS，$T^*=0.07$s	s-GCS-Ⅰ	s-GCS-Ⅱ
5%置信度	3.54×10^{-8}	2.46×10^{-8}	2.26×10^{-8}

续表

风险类别	风险结果 （其中地震易损性是基于第五章策略Ⅱ计算得到）		
	CS，$T^*=0.07$s	s-GCS-Ⅰ	s-GCS-Ⅱ
50%置信度	1.56×10^{-7}	1.09×10^{-7}	1.09×10^{-7}
平均值	2.35×10^{-7}	1.64×10^{-7}	1.50×10^{-7}
95%置信度	6.92×10^{-7}	4.82×10^{-7}	4.42×10^{-7}

可发现：所有方法计算出的安全壳地震风险概率水平都较低，安全壳的抗震性能较好；以 *Sa*(0.07s)(安全壳单向二阶平动周期)为强度参数计算的风险结果小于 *Sa*(0.24s)(安全壳单向一阶平动周期)为强度参数计算的风险结果，即对于安全壳的地震风险分析，选用非第一阶模态周期的 *Sa* 作为强度参数，会低估地震风险结果；基于条件均值谱计算的地震风险结果小于基于 UHS、URS、CUHS、GCMS-Ⅰ和 GCMS-Ⅱ计算结果，也就是基于条件均值谱计算的风险结果可能会偏于不保守；基于振型分解反应谱计算得到的地震风险小于基于增量动力分析得到的地震风险结果。

6.5 本章小结

概率地震风险解析模型可分为：平均值地震风险解析模型和具有置信度的地震风险解析模型。平均值地震风险解析模型在核工程结构抗震安全评估和抗震设计中已经得到广泛运用，但该模型的置信度水平无法从模型本身直观获得，对于核工程等重大基础设施，分析结果可能偏于不安全。本章首先总结了平均值地震风险解析模型和具有置信度的地震风险解析模型计算公式，然后推导了平均值地震风险解析模型的置信度函数，基于算例分析，可发现：在不同厂址，平均值地震风险解析模型的置信度水平不同，几乎都小于 95%，对于核工程这类重要基础设施，所得结果可靠性较低。基于地震风险解析模型，针对 ASCE/SEI 43-05 规范中算例，分析了 ASCE/SEI 43-05 规范设计结构地震风险置信度水平，可发现：对于不同危险性厂址，置信度水平不同，且都小于 85%。最后，综合前几章地震危险性和地震易损性分析结果，基于概率地震风险解析模型公式，得到了核电安全壳结构的平均值地震风险和具有置信度的地震风险。分析结果表明安全壳结构地震风险概率较低。以 *Sa*(0.07s)(安全壳单向二阶平动周期)为强度参数计算的风险结果小于 *Sa*(0.24s)(安全壳单向一阶平动周期)为强度参数计算的风险结果，即对于安全壳的地震风险，选用非第一阶模态周期的 *Sa* 作为强度参数，会低估地震风险结果；基于条件均值谱计算的地震风险结果小于基于UHS、URS、CUHS、GCMS-Ⅰ和GCMS-Ⅱ计算结果，也就是基于条件均值谱计算的风险结果可能会偏于不保守；基于振型分解反应谱计算得到的地震风险通常要小于基于增量动力分析得到的地震风险。

第7章 结论与展望

7.1 主要结论

本书基于中国地震活动性特点，开发了基于蒙特卡洛模拟的中国概率地震危险性分析和分解程序，分析了中国华南地区某核电厂厂址地震危险性，生成了场地相关谱，选取和调整了地震动记录，运用安全系数法，分析了安全壳地震易损性和高置信度低失效概率值，综合地震危险性和地震易损性分析结果，基于地震解析风险模型，计算了安全壳地震风险。本书主要得出以下结论：

（1）基于中国地震活动性特点，运用蒙特卡洛模拟方法，开发了中国标量型概率地震危险性分析程序，程序经过收敛性和精确性验证，可以对中国场地进行概率地震危险性分析；在中国概率地震危险性分析基础上，考虑地震动强度参数相关性，提出了中国向量型和条件型概率地震危险性分析方法，开发了中国向量型和条件型概率地震危险性分析程序，能够生成中国场地危险性曲面和条件危险性曲线等考虑地震动强度参数相关性的场地危险性结果；在概率地震危险性分析基础上，开发了中国标量型和向量型地震危险性分解程序，为后续中国条件均值谱和广义条件均值谱等场地相关谱生成提供分析基础。

（2）在地震工程领域单变量地震重现期概念基础上，首次提出了双变量地震重现期和条件地震重现期概念，推导分析了三类地震重现期间关系，指定参数双变量地震重现期大于或等于两个参数各自单变量重现期大小，条件地震重现期是双变量地震重现期和单变量地震重现期之比。

（3）系统分析了标量型、向量型和条件型场地相关谱，提出了简化广义条件 II 型谱和条件一致危险谱概念和计算方法。简化广义条件 II 型谱可以考虑向量型危险性信息，条件一致危险谱基于条件概率地震危险性分析生成，较条件均值谱的概率信息更明确，通过调整条件概率分位值，可以得到比条件均值谱宽且比一致危险谱窄的谱型，但存在非条件周期由不同设定地震控制的缺点。

（4）首次基于“易损性的不确定性”角度推导了具有置信度易损性公式，推导过程丰富了模型的内涵，当考虑知识不确定时，只考虑本质不确定

性的易损性 P_f 可视为一个随机变量。总结了两类高置信度低失效概率值定义，分析了两类定义间关系，当两类不确定性相近时，两种定义方式得到的高置信度低失效概率值近似相等。基于 UHS 和 URS 计算的 HCLPF 值较小，计算结果较 CMS 更为保守；增量动力分析结果的不确定性标准差大于安全系数法，二者生成的中位值较接近；基于策略Ⅱ计算的 HCLPF 值要小于策略Ⅰ计算的 HCLPF 值，即策略Ⅰ方法较策略Ⅱ方法保守。

（5）基于考虑知识不确定性的地震风险解析模型，首次推导了平均值地震风险解析模型的置信度函数，对不同危险性厂址条件下平均值地震风险模型的置信度进行了分析，在不同厂址危险性条件下，平均值地震风险解析模型的置信度水平不同，几乎都小于 95%，对于核电厂这类重要基础设施系统，所得结果可靠性较低。ASCE/SEI 43-05 规范设计结构地震风险置信度水平在不同厂址会发生变化，且置信度水平不高，建议采用考虑知识不确定性的地震风险区间模型。安全壳结构地震风险概率较低，基于条件均值谱计算的地震风险结果小于基于 UHS、URS、CUHS、GCMS-Ⅰ和 GCMS-Ⅱ计算结果，基于振型分解反应谱计算得到的地震风险要小于基于增量动力分析得到的地震风险。

7.2 主要创新点

根据本书的主要研究内容和结论，总结本书的主要创新点如下：

（1）运用基于蒙特卡洛模拟的概率地震危险性分析方法，考虑中国地震活动性特点，提出了中国向量型概率地震危险性分析和向量型地震危险性分解方法；基于蒙特卡洛模拟方法，综合向量型和标量型概率地震危险性分析理论，提出了中国条件型概率地震危险性分析方法。

（2）系统研究了标量型、向量型和条件型场地相关目标谱，基于简化广义条件谱-Ⅰ，考虑向量地震危险性信息，提出了简化广义条件谱-Ⅱ的概念和计算原理；基于条件概率地震危险性分析结果，提出了条件一致危险谱的概念和计算原理。

（3）在单变量地震重现期概念的基础上，提出了双变量地震重现期和条件地震重现期概念，给出了相应计算公式，推导了三类地震重现期概念之间的相互关系，新提出的两个概念能够从重现期角度描述向量型和条件型地震危险性分析结果。

（4）基于“易损性的不确定性”角度推导了具有置信度的地震易损性模型公式，丰富了模型的内涵。推导了平均值地震风险解析模型的置信度函数，分析了该模型在不同厂址条件下的置信度水平。基于解析和经验地震易损性数据，采用安全系数法得到了核电安全壳地震易损性曲线和高置信度低失效概率值。基于地震风险解析函数，计算了核电安全壳地震风险水平。

7.3 研究展望

地震概率风险评估是核工程结构抗震安全评估方法之一，还有大量内容需要将来进行深入细致地研究：

（1）本书仅仅对安全壳结构集中质量梁单元简化模型进行了分析，为了得到更加精确的风险结果，并充分验证本书方法的适用性，需要对精细化三维安全壳等工程实际模型做进一步研究。

（2）本书提出的条件一致危险谱仅仅考虑了单个条件强度参数情况，为了完善条件一致危险谱分析框架，多个条件强度参数的条件一致危险谱基本概念与生成方法需要做进一步研究。

（3）本书基于单变量地震重现期相等的方法，确定了双变量地震重现期地震动强度参数的组合，更为科学的决策确定方法需要做进一步研究。

（4）为了解释向量型和条件型概率地震危险性分析结果，本书提出了双变量地震重现期和条件地震重现期概念。双变量地震重现期、条件地震重现期的工程背景及对工程决策的实际价值需要做进一步研究。

附录 A　选取的地震动记录

A.1　基于 CS 的选取结果

基于条件参数为 *Sa*（0.07s）的条件谱的地震动选取和调整结果　表 A-1

序号	地震名称	记录序号	调幅系数	M_w	R
1	14383980	8818	2.32	5.39	62.25
2	Chi-Chi，Taiwan-06	3300	1.49	6.30	27.57
3	Niigata，Japan	4232	3.55	6.63	85.93
4	Niigata，Japan	4241	2.06	6.63	82.32
5	Chi-Chi，Taiwan-05	3028	3.73	6.20	44.31
6	Chi-Chi，Taiwan-06	3308	2.21	6.30	55.44
7	Chi-Chi，Taiwan-06	3304	4.73	6.30	72.64
8	Chi-Chi，Taiwan-06	3359	4.87	6.30	47.41
9	Chuetsu-oki	5292	1.75	6.80	57.07
10	Chi-Chi，Taiwan-04	2917	3.85	6.20	57.36
11	Chuetsu-oki	4852	0.83	6.80	30.26
12	Potenza，Italy	4328	1.93	5.8	25.89
13	Chuetsu-oki	4845	0.19	6.80	15.62
14	Chi-Chi，Taiwan-06	3507	0.74	6.30	22.69
15	Chi-Chi，Taiwan-05	3031	4.85	6.20	63.27
16	Niigata，Japan	4213	0.45	6.63	25.33
17	Chuetsu-oki	5195	2.97	6.80	62.27
18	Parkfield	33	0.62	6.19	15.96
19	Iwate	5476	3.53	6.90	98.11
20	Chuetsu-oki	5283	1.36	6.80	53.52
21	Whittier Narrows-01	643	2.09	5.99	23.4
22	Christchurch，New Zealand	8110	0.85	6.2	13.91
23	Coyote Lake	146	1.06	5.74	10.21
24	Chi-Chi，Taiwan-05	3208	0.92	6.20	49.08

续表

序号	地震名称	记录序号	调幅系数	M_w	R
25	Chi-Chi，Taiwan-05	3017	2.63	6.20	35.07
26	Chi-Chi，Taiwan-05	3022	2.08	6.20	33.57
27	Loma Prieta	755	0.60	6.93	19.97
28	Chi-Chi，Taiwan-02	2389	3.07	5.90	28.45
29	Chuetsu-oki	4867	0.36	6.80	11.25
30	Chi-Chi，Taiwan-05	3036	3.50	6.20	54.98

基于条件参数为 *Sa*（0.24s）的条件谱的地震动选取和调整结果 表 A-2

序号	地震名称	记录序号	调幅系数	M_w	R
1	Chi-Chi，Taiwan-06	3307	2.43	6.30	53.5
2	Iwate	5659	1.67	6.90	43.58
3	Iwate	5795	0.67	6.90	55.62
4	Chi-Chi，Taiwan-05	3172	2.66	6.20	73.07
5	Chi-Chi，Taiwan-05	3029	3.24	6.20	44.01
6	Chi-Chi，Taiwan-05	3205	1.68	6.20	59.83
7	Coalinga-01	352	1.16	6.36	38.1
8	Christchurch，New Zealand	8128	2.91	6.2	66.53
9	Livermore-01	216	2.64	5.80	53.35
10	Northridge-03	1671	3.55	5.20	20.08
11	Chi-Chi，Taiwan-05	2966	2.96	6.20	91.15
12	Basso Tirreno，Italy	4282	3.74	6	54.72
13	Loma Prieta	769	0.71	6.93	17.92
14	Umbria-03，Italy	4315	2.39	5.6	52.64
15	San Fernando	71	0.35	6.61	13.99
16	Chi-Chi，Taiwan-05	3016	3.35	6.20	51.01
17	Chi-Chi，Taiwan-06	3360	3.78	6.30	56.14
18	Chi-Chi，Taiwan-04	2726	3.07	6.20	60.91
19	Kozani，Greece-01	1123	4.85	6.40	72.82
20	Chi-Chi，Taiwan-05	3037	3.17	6.20	62.78
21	Chi-Chi，Taiwan-06	3359	3.64	6.30	47.41
22	Chi-Chi，Taiwan-05	3036	2.36	6.20	54.98

续表

序号	地震名称	记录序号	调幅系数	M_w	R
23	Chi-Chi, Taiwan-06	3332	4.88	6.30	47.89
24	Chi-Chi, Taiwan-05	3028	3.87	6.20	44.31
25	Chi-Chi, Taiwan-06	3355	4.64	6.30	56.84
26	Chuetsu-oki	5247	2.8	6.80	71.79
27	Chi-Chi, Taiwan-05	3005	3.57	6.20	50.79
28	Morgan Hill	476	2.14	6.19	45.47
29	Chi-Chi, Taiwan-05	3006	4.23	6.20	48.32
30	Parkfield-02, CA	4129	1.12	6.00	12.29

A.2 基于 s-GCS-Ⅰ的选取结果

基于条件参数为 *Sa*（0.07s）和 *Sa*（0.24s）的简化广义条件谱-Ⅰ的地震动选取和调整结果 **表 A-3**

序号	地震名称	记录序号	调幅系数	M_w	R
1	Lytle Creek	45	1.02	5.33	18.39
2	Coalinga-01	356	3.07	6.36	35.29
3	Chuetsu-oki	5247	2.94	6.80	71.79
4	Chi-Chi, Taiwan-06	3307	2.2	6.30	53.5
5	Chi-Chi, Taiwan-06	3308	2.17	6.30	55.44
6	Chuetsu-oki	5289	2.08	6.80	68.45
7	Chi-Chi, Taiwan-05	3037	3.47	6.20	62.78
8	Parkfield	33	0.59	6.19	15.96
9	Chi-Chi, Taiwan-05	3031	4.93	6.20	63.27
10	Chuetsu-oki	4852	0.84	6.80	30.26
11	Chi-Chi, Taiwan-05	3183	1.97	6.20	51.1
12	Northridge-01	1095	3.42	6.69	48.36
13	Chi-Chi, Taiwan-02	2385	2.09	5.90	20.1
14	Iwate	5476	3.59	6.90	98.11
15	Chi-Chi, Taiwan-05	3217	0.48	6.20	32.21
16	Chi-Chi, Taiwan-05	3028	3.8	6.20	44.31
17	Niigata, Japan	4165	2.02	6.63	80.87

续表

序号	地震名称	记录序号	调幅系数	M_w	R
18	Irpinia，Italy-02	302	1.52	6.20	22.68
19	Niigata，Japan	4232	4.21	6.63	85.93
20	Chi-Chi，Taiwan-05	2956	2.88	6.20	82.15
21	Northridge-01	946	3.3	6.69	46.65
22	Chi-Chi，Taiwan-05	3008	2.7	6.20	34
23	Chi-Chi，Taiwan-06	3359	4.25	6.30	47.41
24	Friuli，Italy-01	125	0.56	6.50	14.97
25	Chi-Chi，Taiwan-05	3006	4	6.20	48.32
26	Friuli (aftershock 9)，Italy	4278	1.8	5.5	11.92
27	Chuetsu-oki	5292	2.04	6.80	57.07
28	Iwate	5818	0.31	6.90	12.83
29	Chi-Chi，Taiwan-06	3360	4.64	6.30	56.14
30	Niigata，Japan	4189	2.91	6.63	64.12

A.3 基于 s-GCS-Ⅱ的选取结果

基于条件参数为 *Sa*（0.07s）和 *Sa*（0.24s）的简化广义条件谱-Ⅱ的地震动选取和调整结果　**表 A-4**

序号	地震名称	记录序号	调幅系数	M_w	R
1	Kern County	14	1.75	7.36	81.3
2	Chi-Chi，Taiwan-05	3217	0.39	6.20	32.21
3	Chuetsu-oki	5285	0.81	6.80	35.41
4	Chi-Chi，Taiwan-05	3028	3.14	6.20	44.31
5	Chi-Chi，Taiwan-06	3361	4.04	6.30	40.16
6	Chuetsu-oki	5292	1.68	6.80	57.07
7	Chuetsu-oki	4850	0.48	6.80	13.68
8	Coalinga-01	325	4.38	6.36	41.99
9	Loma Prieta	810	0.34	6.93	12.04
10	Niigata，Japan	4232	3.47	6.63	85.93
11	Chi-Chi，Taiwan-05	3008	2.24	6.20	34
12	Lytle Creek	45	0.84	5.33	18.39

续表

序号	地震名称	记录序号	调幅系数	M_w	R
13	Chi-Chi, Taiwan-05	3031	4.08	6.20	63.27
14	Chuetsu-oki	5289	1.72	6.80	68.45
15	Chi-Chi, Taiwan-05	3006	3.31	6.20	48.32
16	Chi-Chi, Taiwan-05	3022	2.15	6.20	33.57
17	Chuetsu-oki	4852	0.69	6.80	30.26
18	Friuli, Italy-01	125	0.47	6.50	14.97
19	Niigata, Japan	4165	1.66	6.63	80.87
20	Chi-Chi, Taiwan-05	3038	2.3	6.20	43.39
21	Irpinia, Italy-02	302	1.26	6.20	22.68
22	Iwate	5476	2.97	6.90	98.11
23	Tottori, Japan	3938	1.87	6.61	72.4
24	Chi-Chi, Taiwan-05	3018	2.07	6.20	39.29
25	Chi-Chi, Taiwan-05	2956	2.38	6.20	82.15
26	Chi-Chi, Taiwan-05	3183	1.63	6.20	51.1
27	Livermore-01	210	2.31	5.80	29.19
28	Chuetsu-oki	5195	2.84	6.80	62.27
29	Big Bear-01	922	4.17	6.46	95.86
30	Northridge-01	946	2.73	6.69	46.65

参 考 文 献

[1] 中国产业信息．2017 年中国能源总体发展情况分析[EB/OL].（2018-02-03）[2018-10-03]. http：//www. chyxx. com/industry/201802/611045. html.

[2] 中国产业信息．2017 年中国核电行业发展现状及发展前景分析[EB/OL].（2017-12-14）[2018-10-03]. http：//www. chyxx. com/industry/201712/593075. html.

[3] 张家倍，李明高，马琳伟．核电厂抗震安全评估[M]. 上海：上海科学技术出版社，2013：1-29.

[4] 黎鹏飞，李忠诚．CPR1000 核岛厂房抗震裕量分析和评估[J]. 工业建筑，2014，44(12)：8-11.

[5] Kassawara R. Seismic probabilistic risk assessment implementation guide[R]. Electric Power Research Institute，2003.

[6] Cornell C A. Engineering seismic risk analysis[J]. Bulletin of the Seismological Society of America，1968，58(5)：1583-1606.

[7] McGuire R K. FORTRAN computer program for seismic risk analysis[R]. U. S. Geol. Surv. Open-File Rept 76-67，1976.

[8] Klügel J U. Seismic Hazard Analysis-Quo vadis? [J]. Earth-Science Reviews，2008，88(1)：1-32.

[9] Gutenberg B，Richter C F. Frequency of earthquakes in California[J]. Bulletin of the Seismological Society of America，1944，34(4)：185-188.

[10] Kijko A. Estimation of the Maximum Earthquake Magnitude，m_{max}[J]. Pure and Applied Geophysics，2004，161(8)：1655-1681.

[11] Wheeler R L. Methods of Mmax Estimation East of the Rocky Mountains[R]. U. S. Geological Survey Open-File Report 2009-1018，2009.

[12] Kijko A，Singh M. Statistical tools for maximum possible earthquake magnitude estimation[J]. Acta Geophysica，2011，59(4)：674-700.

[13] Schwartz D P，Coppersmith K J. Fault behavior and characteristic earthquakes：examples from the Wasatch and San Andreas fault zones[J]. Journal of geophysical research，1984，89(B7)：5681-5698.

[14] Wesnousky S G. The Gutenberg-Richter or Characteristic Earthquake Distribution，Which Is It? [J]. Bulletin of the Seismological Society of America，1994，84(6)：1940-1959.

[15] Parsons T，Giest E L. Is there a basis for preferring characteristic earthquakes over a Gutenberg-Richter distribution in probabilistic earthquake forecasting? [J]. Bulle-

tin of the Seismological Society of America, 2009, 99(3): 2012-2019.

[16] Douglas J. Ground-motion prediction equations 1964-2018[R/OL]. (2018-07-30) [2018-10-10]. http: //www. gmpe. org. uk/gmpereport2014. pdf.

[17] Abrahamson N, Atkinson G, Boore D, Bozorgnia Y, Campbell K, Chiou B, Idriss I M, Silva W, Youngs R. Comparisons of the NGA Ground-Motion Relations[J]. Earthquake Spectra, 2008, 24(1): 45-66.

[18] Gregor N, Abrahamson N A, Atkinson G M, Boore D M, Bozorgnia Y, Campbell K W, Chiou B S J, Idriss I M, Kamai R, Seyhan E, Silva W, Stewart J P, Youngs R. Comparison of NGA-West2 GMPEs[J]. Earthquake Spectra, 2014, 30(3): 1179-1197.

[19] McGuire R K. Probabilistic seismic hazard analysis: early history[J]. Earthquake Engineering and Structural Dynamics, 2008, 37(3): 329-338.

[20] Chapman M C. A Probabilistic Approach to Ground Motion Selection for Engineering Design[J]. Bulletin of the Seismological Society of America, 1995, 85(3): 937-942.

[21] McGuire R K. Probabilistic seismic hazard analysis and design earthquake: closing the loop[J]. Bulletin of the Seismological Society of America, 1995, 85(5): 1275-1284.

[22] Bazzurro P, Cornell C A. Disaggregation of Sesismic Hazard[J]. Bulletin of the Seismological Society of America, 1999, 89(2): 501-520.

[23] Bazzurro P, Cornell C A. Vector-valued probabilistic seismic hazard analysis[C]. 7th U. S. National Conference on Earthquake Engineering, Boston, MA, 2002.

[24] Iervolino I, Giorgio M, Galasso C, Manfredi G. Conditional hazard maps for secondary intensity measures[J]. Bulletin of the Seismological Society of America, 2010, 100(6): 3312-3319.

[25] Bazzurro P. Probabilistic seismic demand analysis[D]. Ph. D. Dissertation, Deptment of Civil and Environmental Engineering, Stanford University, 1998.

[26] Bazzurro P, Tothong P, Park J. Efficient Approach to Vector-valued Probabilistic Seismic Hazard Analysis of Multiple Correlated Ground motion Parameters[C]. ICOSSAR 2009, Safety, Reliability and Risk of Structures, Infrastructures and Engineering Systems, Furuta, Frangopol & Shinozuka, London, 2009.

[27] Bazzurro P, Park J. Vector-valued probabilistic seismic hazard analysis of correlated ground motion parameters[C]. Applications of Statistics and Probability in Civil Engineering, Taylor & Francis Group, London, 2011.

[28] Faouzi G, Nasser L. Scalar and vector probabilistic seismic hazard analysis: application for Algiers City[J]. Journal of Seismology, 2014, 18(2): 319-330.

[29] Gülerce Z, Abrahamson A. Vector-valued probabilistic seismic hazard assessment

for the effects of vertical ground motions on the seismic response of highway bridge [J]. Earthquake Spectra, 2010, 26(4): 999-1016.

[30] Kohrangi M, Bazzurro P, Vamvatsikos D. Vector and Scalar IMs Structural Response Estimation: Part I - Hazard Analysis[J]. 2016, 32(3): 1507-1524.

[31] Zhang D Y, Xie W C, Pandey M D. Synthesis of Spatially Correlated Ground Motions at Varying Sites based on Vector-Valued Seismic Hazard Deaggregation[J]. Soil Dynamics and Earthquake Engineering, 2012, 41(8): 1-13.

[32] Kwong N S, Chopra A K. A generalized conditional mean spectrum and its application for intensity-based assessments of seismic demands[J]. Earthquake Spectra, 2017, 33(1): 123-143.

[33] Iervolino I, Giorgio M, Galasso C, Manfredi G. Conditional Hazard Maps for Secondary Intensity Measures[J]. Bulletin of the Seismological Society of America, 2010, 100(6): 3312-3319.

[34] Iervolino I. Design earthquakes and conditional hazard[M]. In: DolSek M. (eds) Protection of Built Environment Against Earthquakes, Springer, 2011: 41-56.

[35] Chioccarelli E, Esposito S, Iervolino I. Implementing conditional hazard for earthquake engineering practice: the Italian example[C]. Proceeding of 15th WCEE, Lisboa, 2012.

[36] Rahimi H, Mahsuli M. Structural reliability approach to analysis of probabilistic seismic hazard and its sensitivities[J]. Bulletin of Earthquake Engineering, 2018, on line.

[37] Mahsuli M, Rahimi H, Bakhshi A. Probabilistic seismic hazard analysis of Iran using reliability methods[J]. Bulletin of Earthquake Engineering, 2018, on line.

[38] Musson R M W. The use of Monte Carlo simulations for seismic hazard assessment in the U. K. [J]. Annals of Geophysics, 2000, 43(1): 1-9.

[39] Musson R M W. Determination of design earthquakes in seismic hazard analysis through Monte Carlo simulation[J]. Journal of Earthquake Engineering, 1999, 3(4): 463-474.

[40] Ebel J E, Kafka A L. A Monte Carlo approach to seismic hazard analysis[J]. Bulletin of the Seismological Society of America, 1999, 89(4): 854-866.

[41] Atkinson G M, Goda K. Probabilistic seismic hazard analysis of civil infrastructure [M]. in *Handbook of Seismic Risk Analysis and Management of Civil Infrastructure Systems*, S. Tesfamariam and K. Goda(Editors), Woodhead Publishing Ltd., Cambridge, United Kindom, 2013: 3-28.

[42] Smith W D. Earthquake hazard and risk assessment in New Zealand by Monte Carlo methods[J]. Seismological Research Letters, 2003, 74(3): 298-304.

[43] Zahran H M, Sokolov V, Youssef S E H, Alraddadi W W. Preliminary probabilis-

tic seismic hazard assessment for the Kingdom of Saudi Arabia based on combined areal source model: Monte Carlo approach and sensitivity analysis[J]. Soil Dynamics and Earthquake Engineering, 2015, 77: 453-468.

[44] Akkar S, Cheng Y. Application of a Monte-Carlo simulation approach for the probabilistic assessment of seismic hazard for geographically distributed portfolio[J]. Earthquake Engineering and Structural Dynamics, 2016, 45(4): 525-541.

[45] Sokolov V, Friedemann W. On the relation between point-wise and multiple-location probability seismic hazard assessments[J]. Bulletin of Earthquake Engineering, 2014, 13(5): 1281-1301.

[46] Assatourians K, Atkinson G M. EqHaz: An open-source probabilistic seismic-hazard code based on the Monte Carlo simulation approach[J]. Seismological Research Letters, 2013, 84(3): 516-524.

[47] 时振梁，鄢家全，高孟谭．地震区划原则和方法的研究—以华北地区为例[J]．地震学报，1991，13：179-189.

[48] 高孟潭，卢寿德．关于下一代地震区划图编制原则与关键技术的初步探讨[J]．震灾防御技术，2006，1(1)：1-6.

[49] 胡聿贤．中国地震动参数区划图(GB 18306—2001)宣贯教材[M]．北京：中国标准出版社，2001.

[50] 高孟潭．中国地震动参数区划图(GB 18306—2015)宣贯教材[M]．北京：中国标准出版社，2015.

[51] 胡聿贤，张敏政．缺乏强震观测资料地区地震动参数的估算方法[J]．地震工程与工程振动，1984，4(1)：1-11.

[52] 俞言祥，李山有，肖亮．为新区划图编制所建立的地震动衰减关系[J]．震灾防御技术，2013，8(1)：24-33.

[53] Pan H, Jin Y, Hu Y X. Discussion about the relationship between seismic belt and seismic statistical zone[J]. Earthquake Science, 2003, 16(3): 323-329.

[54] 卢寿德．GB 17741－2005《工程场地地震安全性评价》宣贯教材[M]．北京：中国标准出版社，2006.

[55] 庞健．基于 ArcGIS 的西安地区地震危险性分析系统研究与开发[D]．哈尔滨：哈尔滨工业大学硕士学位论文，2015.

[56] 郭星．基于蒙特卡罗模拟的概率地震危险性分析方法[D]．北京：中国地震局地球物理研究所硕士学位论文，2008.

[57] Wu J. Disaggregation of seismic hazard according to Chinese PSHA method[C]. The 14th World Conference on Earthquake Engineering, Beijing, China, 2008.

[58] 吴健．设定地震确定方法研究[D]．北京：中国地震局地球物理研究所博士学位论文，2013.

[59] 李思雨．基于目标谱的西安地区地震动选择与调幅[D]．哈尔滨：哈尔滨工业大学

硕士学位论文，2016.

[60] Baker J W. Introduction to probabilistic seismic hazard analysis[R]. White Paper Version 2.0.1, 79pp, 2013.

[61] McGuire R K, Silva W J, Costantino C J. Technical basis for revision of regulatory guidance on design ground motions: Hazard- and Risk-consistent ground motion spectra guidelines [R]. U.S. Nuclear Regulatory Commission, NUREG/CR-6728, 2001.

[62] Choi I K, Nakajima M, Choun Y S, Ohtori Y. Development of the site-specific uniform hazard spectra for Korean nuclear power plant sites[J]. Nuclear Engineering and Design, 2009, 239(4): 790-799.

[63] Baker J W. Conditional Mean Spectrum: Tool for ground motion seletion[J]. Journal of Structural Engineering, 2011, 137(3): 322-331.

[64] Daneshvar P, Bouaanani N, Godia A. On computation of conditional mean spectrum in Eastern Canada[J]. Journal of Seismology, 2015, 19(2), 443-467

[65] Radu V, Mihail I, Florin P. Conditional mean spectrum for Bucharest[J]. Earthquakes and Structures, 2014, 7(2): 141-157.

[66] Ji K, Bouaanani N, Wen R Z, Ren Y F. Introduction of conditional mean spectrum and conditional spectrum in the practice of seismic safety evaluation in China[J]. Journal of Seismology, 2018, 22(4): 1005-1024.

[67] Gülerce Z, Abrahamson N A. Site-specific design spectra for vertical ground motion [J]. Earthquake Spectra, 2011, 27(4): 1023-1047.

[68] Zhu R G, Lu D G, Yu X H, Wang G Y. Conditional mean spectrum of aftershocks [J]. Bulletin of the Seismological Society of America, 2017, 107(4): 1940-1953.

[69] Lin T, Harmsen S C, Baker J W, Luco N. Conditional spectrum computation incorporating multiple causal earthquakes and ground motion prediction models[J]. Bulletin of the Seismological Society of America, 2013, 103(2A): 1103-1116.

[70] Nievas C, Sullivan T. A multidirection conditional spectrum[J]. Earthquake Engineering & Structural Dynamics, 2018, 47(4): 945-965.

[71] Arteta C A, Abrahamson N A. Conditional Scenario Spectra(CSS) for Hazard-Consistent Analysis of Engineering Systems[J]. Earthquake Spectra, 2018, In press.

[72] ASCE. Seismic design criteria for structures, systems, and components in nuclear facilities[S]. ASCE/SEI 43-05, American Society of Civil Engineering, 2005.

[73] Kennedy R P. Performance-goal based(risk informed) approach for establishing the SSE site specific response spectrum for future nuclear power plants[J]. Nuclear Engineering and Design, 2011, 241(3): 648-656.

[74] Braverman J I, Xu J, Ellingwood B R, Costantino C J, Morante R J, Hofmayer C H. Evaluation of the Seismic Design Criteria in ASCE/SEI Standard 43-05 for Ap-

plication to Nuclear Power Plants[R]. NUREG/CR-6926, BNL-NUREG-77569-2007. U. S. Nuclear Regulatory Commission, 2007.

[75] Loth C. Multivariate Ground Motion Intensity Measure Models, and Implications for Structural Reliability Assessment[D]. Ph. D. Dissertation, The Department of Civil and Environmental Engineering, Stanford University, 2014.

[76] Kishida T. Conditional mean spectra given a vector of spectral acceleration at multiple periods[J]. Earthquake Spectra, 2017, 33(2): 469-479.

[77] Ni S H, Zhang D Y, Xie W C, Pandey M D. Vector-Valued Uniform Hazard Spectra[J]. Earthquake Spectra, 2012, 28(4): 1549-1568.

[78] Bradley B A. A generalized conditional intensity measure approach and holistic ground motion selection[J]. Earthquake Engineering and Structural Dynamics, 2010, 39(12): 1321-1342.

[79] Ni S H. Design Earthquakes Based on Probabilistic Seismic Hazard Analysis[D]. A Thesis of Doctor of Philosophy in Civil Engineering, University of Waterloo, Waterloo, Ontario, Canada, 2012.

[80] Inoue T. Seismic Hazard Analysis of Multi-Degree-of-Freedom Structures[R]. Report No. RMS-8, Stanford University, 1990.

[81] Baker J W, Cornell C A. Correlation of response spectral values for multicomponent ground motions[J]. Bulletin of the Seismological Society of America, 2006, 96(1): 215-227.

[82] Baker J W, Jayaram N. Correlation of Spectral Acceleration Values from NGA Ground Motion Models[J]. Earthquake Spectra, 2008, 24(1): 299-317.

[83] Jayaram N, Baker J W, Okano H, Ishida H, McCann M W, Mihara Y. Correlation of response spectral values in Japanese ground motions[J]. Earthquakes and Structures, 2011, 2(4): 357-376.

[84] Ji K, Bouaanani N, Wen R Z, Ren Y F. Correlation of spectral accelerations for earthquakes in China[J]. Bulletin of the Seismological Society of America, 2017, 107(3): 1212-1226.

[85] Katsanos E I, Sextos A G, Manolis G D. Selection of earthquake ground motion record: A state-of-the-art review from a structural engineering perspective[J]. Soil Dynamics and Earthquake Engineering, 2010, 30(4): 157-169.

[86] Shome N, Cornell C A, Bazzurro P, Carballo J E. Earthquakes, records and nonlinear responses[J]. Earthquake Spectra, 1998, 14(3): 469-500.

[87] Stewart J P, Chiou S J, Bray J D, Graves R W, Somerville P G, Abrahamson N A. Ground motion evaluation procedures for performance-based design[R]. PEER report 2001/09, Pacific Earthquake Engineering Research Center, University of California, Berkeley, 2001.

[88] Iervolino I, Cornell C A. Record selection for nonlinear seismic analysis of structures[J]. Earthquake Spectra, 2005, 21(3): 685-713.

[89] 于晓辉．钢筋混凝土框架结构的概率地震易损性与风险分析[D]. 哈尔滨：哈尔滨工业大学博士学位论文，2012.

[90] Bommer J J, Scott S G. The feasibility of using real accelerograms for seismic design[C]. Proceeding of the 3rd Japan-UK Workshop on Implications of Recent Earthquakes on Seismic Risk, London, UK, 2000.

[91] Iervolino I, Maddaloni G, Cosenza E. Ground motion duration effects on nonlinear seismic response[J]. Earthquake Engineering and Structural Dynamics, 2006, 35(1): 21-38.

[92] Dhakal R P, Mander J B, Mashiko N. Identification of critical ground motions for seismic performance assessment of structures[J]. Earthquake Engineering and Structural Dynamics, 2006, 35(8): 989-1008.

[93] Giovenale P, Cornell C A, Esteva L. Comparing the adequacy of alternative ground motion intensity measures for the estimation of structural responses[J]. Earthquake Engineering and Structural Dynamics, 2004, 33(8): 951-979.

[94] Luco N, Cornell C A. Structure-specific scalar intensity measures for near-source and ordinary earthquake motions[J]. Earthquake Spectra, 2007, 23(2): 357-395.

[95] Baker J, Cornell C A. A vector-valued ground motion intensity measure consisting of spectral acceleration and epsilon[J]. Earthquake Engineering and Structural Dynamics, 2005, 34(10): 1193-217.

[96] Zhai C H, Xie L L. A new approach of selecting real input ground motions for seismic design: the most unfavourable real seismic design ground motions[J]. Earthquake Engineering and Structural Dynamics, 2007, 36(8): 1009-1027.

[97] 施炜，潘鹏，叶列平，王朝坤，徐亚军．基于天际线查询的最不利地震动选取方法研究[J]. 建筑结构学报，2013，34(7)：20-28.

[98] Kalkan E, Luco N. Special Issue on Earthquake Ground-Motion Selection and Modification for Nonliear Dynamic Analysis of Structures[J]. Journal of Structural Engineering, 2011, 137(3): 277.

[99] Iervolino I, Galasso C, Cosenza E. REXEL: computer aided record selection for code-based seismic structural analysis[J]. Bulletin of Earthquake Engineering, 2010, 8(2): 339-362.

[100] Iervolino I, Maddaloni G, Cosenza E. Eurocode 8 compliant real records sets for seismic analysis of structures[J]. Journal of Earthquake Engineering, 2008, 12(1): 54-90.

[101] Adekristi A, Eatherton M R. Time-domain spectral matching of earthquake ground motions using Broyden updating[J]. Journal of Earthquake Engineering, 2016, 20(5): 679-698.

[102] Huang Y N, Whittaker A S, Luco N, Hamburger R O. Scaling Earthquake Ground Motions for Performance-Based Assessment of Buildings[J]. Journal of structural engineering, 2011, 137(3): 311-321.

[103] Hancock J, Watson-Lamprey J, Abrahamson N A, Bommer J J, Markatis A, Mccoyh E, Mendis R. An improved method of matching response of recorded earthquake ground motion using wavelets[J]. Journal of Earthquake Engineering, 2006, 10(S1): 67-89.

[104] Hancock J, Bommer J J, Stafford P J. Numbers of scaled and matched accelerograms required for inelastic dynamic analyses[J]. Earthquake Engineering and Structural Dynamics, 2010, 37(14): 1585-1607.

[105] 张郁山,赵凤新. 基于小波函数的地震动反应谱拟合方法[J]. 土木工程学报, 2014, 47(1): 70-81.

[106] Zhang Y S, Zhao F X. Artificial ground motion compatible with specified peak ground displacement and target multi-damping response spectra[J]. Nuclear Engineering and Design, 2010, 240(10): 2571-2578.

[107] Kalkan E, Chopra A K. Modal-Pushover-Based Ground-Motion Scaling Procedure [J]. Journal of structural engineering, 2011, 137(3): 298-310.

[108] Huang Y N. Performance assessment of conventional and base-isolated nuclear power plants for earthquake and blast loadings[D]. Ph. D. Dissertation, Deptment of Civil, Structural and Environmental Engineering, the State University of New York at Buffalo, 2008.

[109] Haselton C B. Evaluation of Ground Motion Selection and Modifiction Methods: Predecting Median Interstory Drift Response of Buildings[R]. PEER Report 2009/01, Pacific Earthquake Engineering Research Center, 2009.

[110] Naeim F, Alimoradi A, Pezeshk S. Selection and Scaling of Ground Motion Time Histories for Structural Design Using Genetic Algorithms[J]. Earthquake Spectra, 2004, 20(2): 413-426.

[111] Wang G, Youngs R, Power M, Li Z. Design Ground Motion Library: An Interactive Tool for Selecting Earthquake Ground Motions[J]. Earthquake Spectra, 2015, 31(2): 617-635.

[112] Jayaram N, Lin T, BakerJ W. A Computationally Efficient Ground-Motion Selection Algorithm for Match a Target Response Spectrum Mean and Variance[J]. Earthquake Spectra, 2011, 27(3): 797-815.

[113] Baker J W, Cynthia L. An Improved Algorithm for Selecting Ground Motions to Match a Conditional Spectrum[J]. Journal of Earthquake Engineering, 2018, 22(4): 708-723.

[114] Bernier C, Monteiro R, Paultre P. Using the conditional spectrum method for im-

proved fragility assessment of concrete gravity dams in Eastern Canada[J]. Earthquake Spectra, 2016, 32(3): 1449-1468.

[115] Bradley B. A ground motion selection algorithm based on the generalized conditional intensity measure approach[J]. Soil Dynamics and Earthquake Engineering, 2012, 40(3): 48-61.

[116] Kwong N S, Chopra A K. Selection and scaling of ground motions for nonlinear response history analysis of buildings in performance-based earthquake engineering [R]. Pacific Earthquake Engineering Research Center, PEER Report No. 2015/11, 2015.

[117] Ellingwood B. Validation of Seismic Probabilistic Risk Assessments of Nuclear Power Plants[R]. NUREG/CR-0008, 1994.

[118] 吕大刚，于晓辉．基于地震易损性解析函数的概率地震风险理论研究[J]. 建筑结构学报，2013，34(10)：41-48.

[119] Lu D G, Yu X H, Jia M M, Wang G Y. Seismic risk assessment of a reinforced concrete frame designed according to Chinese codes[J]. Structure and Infrastructure Engineering, 2014, 10(10): 1295-1310.

[120] Reed J W, Kennedy R P. Methodology for developing seismic fragilities[R]. Report TR-103959, Electric Power Research Institute, 1994.

[121] Kennedy R P, Ravindra M K. Seismic fragilities for nuclear power plant risk studies[J]. Nuclear Engineering and Design, 1984, 79(1): 47-68.

[122] Kennedy R P, Cornell C A, Campbell R D, Kaplan S, Perla H F. Probabilistic seismic safety study of an existing nuclear power plant[J]. Nuclear Engineering and Design, 1980, 59(2): 315-338.

[123] Campbell R, Hardy G, Merz K. Seismic Fragility Application Guide[R]. EPRI 1002988, Palo Alto, California, 2002.

[124] Kennedy R, Hardy G, Merz K. Seismic fragility applications guide update[R]. EPRI, 2009.

[125] Pisharady A S, Basu P C. Methods to derive seismic fragility of NPP components: A summary[J]. Nuclear Engineering and Design, 2010, 240(11): 3878-3887.

[126] Zentner I. Numerical computation of fragility curves for NPP equipment[J]. Nuclear Engineering and Design, 2010, 240(6): 1614-1621.

[127] Mandal T K, Ghosh S, Pujari N N. Seismic fragility analysis of a typical Indian PHWR containment: Comparison of fragility models[J]. Structural Safety, 2016, 58: 11-19.

[128] Smith P D, Dong R G, Bernreuter D L, Bohn M P, Chuang T Y, Cummings G E, Johnson J J, Mensing R W, Wells J E. Seismic Safety Margins Research Program Phase I Final Report-Overview[R]. NUREG/CR-2015, Vol. 1, Lawrence Liver-

more Laboratory, 1981.

[129] Hwang H, Reich M, Shinozuka M. Structural Reliability Analysis and Seismic Risk Assessment [R]. BNL-NUREG-34502, Brookhaven National Laboratory, 1984.

[130] 王晓磊，吕大刚．核电站地震易损性分析方法的研究进展[J]. 地震工程与工程振动．2014(S1)：409-415.

[131] Ohtani K, Shibata H, Watabe M, Kawakami M S, Ohni T. Seismic proving tests for nuclear power plant no. 1[C]. Earthquake Engineering, Tenth World Conference, Balkema, Rotterdam, 1992：3603-3608.

[132] 王晓磊，侯钢领，吕大刚．某核电站安全壳 1∶15 模型振动台试验[J]. 工程力学，2014(S1)：249-264.

[133] Kennedy R, Nie J, Hofmayer C. Evaluation of JNES Equipment Fragility Tests for Use in Seismic Probabilistic Risk Assessments for U. S. Nuclear Power Plants [R]. NUREG/CR-7040, Brookhaven National Laboratory, 2011.

[134] Cover L E, Bohn M P, Campbell R D, Wesley D A. Handbook of nuclear power plant seismic fragilities[R]. NUREG/CR-3558, Lawrence Livermore National Laboratory, June 1985.

[135] 郭婧．核电站反应堆厂房结构的抗震性能与易损性分析[D]. 杭州：浙江大学硕士学位论文，2015.

[136] 张铁群．基于 OpenSees 的核电站取水结构地震反应与易损性分析[D]. 杭州：浙江大学硕士学位论文，2015.

[137] 陈祥．核电站安全壳在主余震作用下的易损性分析[D]. 哈尔滨：哈尔滨工业大学硕士论文，2016.

[138] 渠亚卿．强震下核岛厂房地震反应及易损性分析[D]. 大连：大连理工大学硕士学位论文，2017.

[139] International Atomic Energy Agency. Earthquake experience and seismic qualification by indirect methods in nuclear installations[R]. IAEA-TECDOC-1333, Vienna, Austria, 2003.

[140] Kennedy R P, von Riesemann W A, Wyllie L A, Schiff J A J, Ibanez P. Use of Seismic Experience and Test Data to Show Ruggedness of Equipment in Nuclear Power Plants[R]. Sandia National Laboratories, 1992.

[141] Baughman P, Sumodobila B N. SQUG Electronic Earthquakes Experience Database Users Guide[R]. EPRI TR-113705, EPRI, Palo Alto, CA, 1999.

[142] Cummings G E. The use of data and judgment in determining seismic hazard and fragilities[C]. 8th International Conference on Structural Mechanics in Reactor Technology, Brussels, Belgium, 1985.

[143] George L L, Mensing R W. Using Subjective Percentiles and Test Data for Esti-

mating Fragility Functions[C]. DOE Statistical Symposium, sponsored by the Department of Energy, Berkeley, CA, 1981.

[144] Bandyopadhyay K K, Hofmayer C H, Kassir M K, Pepper S E. Seismic Fragility of Nuclear Power Plant Components (Phase Ⅱ) [R]. NUREG/CR-4659, BNL-NUREG-52007, Vol. 3, 1990.

[145] USNRC. Reactor Safety Study[R]. WASH 1400, NUREG-73/041, 1975.

[146] Kennedy R P. Overview of Methods for Seismic PRA and Margin Analysis Including Recent Innovations[C]. Proceedings of the OECD/NEA workshop on seismic risk, Tokyo, Japan, 1999.

[147] Drouin M, Murphy A J, Chokshi N. Application of Seismic PSA in the United States Activities since the Tokyo Workshop[C]. Specialist Meeting on the Seismic Probabilistic Safety Assessment of Nuclear Facilities, Jeju Island, Republic of Korea, 2006.

[148] Huang Y N, Whittaker A S, Luco N. A probabilistic seismic risk assessment procedure for nuclear power plants: (Ⅰ) Methodology[J]. Nuclear Engineering and Design, 2011, 241(9): 3996-4003.

[149] Huang Y N, Whittaker A S, Luco N. A probabilistic seismic risk assessment procedure for nuclear power plants: (Ⅱ) Application[J]. Nuclear Engineering and Design, 2011, 241(9): 3985-3995.

[150] 宁超列. 基于概率密度演化理论的地震概率安全评估[J]. 同济大学学报(自然科学版), 2015, 43(3): 325-331.

[151] Coleman J. Demonstration of Nonlinear Seismic Soil Structure Interaction and Applicability to New System Fragility Seismic Curves[R]. The U. S. Department of Energy Office of Nuclear Energy Under DOE Idaho Operations Office, 2014.

[152] 霍俊荣. 近场强地面运动衰减规律的研究[D]. 北京: 国家地震局工程力学研究所博士学位论文, 1989.

[153] Yue S, Rasmussen P. Bivariate frequency analysis: discussion of some useful concepts in hydrological application[J]. Hydrological Processes, 2002, 16(14): 2881-2898.

[154] 陈璐. Copula 函数理论在多变量水文分析计算中的应用研究[M]. 武汉: 武汉大学出版社, 2013: 97-103.

[155] Jayaram N, Baker J W. Statistical tests of the joint Distribution of spectral acceleration values[J]. Bulletin of the Seismological Society of America, 2008, 98(5): 2231-2243.

[156] Scordilis E M. Empirical global relations converting M_S and m_b to moment magnitude[J]. Journal of Seismology, 2006, 10(2): 225-236.

[157] 付陟玮, 张东辉, 张春明, 王喆, 郑继业. 核电厂地震易损性分析模型研究[J].

原子能科学技术，2013，47(10)：1835-1839.

[158] 李忠诚．考虑吐—结构相互作用效应的核电厂地震响应分析[D]. 天津：天津大学博士论文，2006.

[159] Park Y J，Hofmayer C H. Technical Guidelines for Aseismic Design of Nuclear Power Plants Tramslation of JEAG 4601-1987[R]. U.S. Nuclear Regulatory Commission，1994.

[160] Simon J，Vigh L G. Multi modal response spectrum analysis implemented in OpenSEES [C]. OpenSees Days Portugal，2014.

[161] Baker J W. Efficient analytical fragility function fitting using dynamic structural analysis [J]. Earthquake Spectra，2015，31(1)：579-599.

[162] Ellingwood B R，Kinali K. Quantifying and communicating uncertainty in seismic risk assessment[J]. Structural Safety，2009，31(2)：179-187.

[163] Leon D D，Ang A H S. Confidence bounds on structural reliability estimations for offshore platforms[J]. Journal of Marine Science and Technology，2008，13(3)：308-315.

[164] Ang A H S. Target reliability for design of complex systems—Role of PDEM[C]. Proceedings of the Symposium on Reliability of Engineering System，SRES 2015，Hangzhou，China，2015.